Adriatico Protetto

Autore: Fabio VALLAROLA
Revisione e impaginazione: Graziano ARETUSI
Traduzione testo inglese: Mario CIPOLLONE

Pubblicazione effettuata come e-book su piattaforma Lulu
Testo stampabile su ordinazione su www.lulu.com oppure www.amazon.com

Estratto del lavoro scientifico prodotto dall'autore all'interno del Dottorato di Ricerca "Analisi delle Politiche di Sviluppo e Promozione del Territorio" 2008-2011.
Prof. Bernardo CARDINALE – Università degli Studi di Teramo.
Disponibilità resa gratuitamente dall'autore per la presente pubblicazione.

Pubblicazione realizzata in italiano e in inglese nell'ambito dello "Small Project" denominato "AdriaPAN Secretariat" finanziato dal MedPAN con fondi FFEM, Fondazione MAVA e Fondazione Principe Alberto II di Monaco – 2^call 2012-2013.

Divulgazione e distribuzione nell'ambito del progetto "PANforAMaR-Protected Areas Network for Adriatic&Ionian Macro-Region" finanziato dallo AII-Adriatric and Ionian Initiative nell'ambito del programma di supporto alla cooperazione-1^call 2012-2014.

ISBN 978-1-291-49226-2
Tutti i diritti riservati all'Autore, 2013 ©

INDICE

PARTE I: GLI STRUMENTI DI GESTIONE   3
1. Il quadro internazionale e la normativa Comunitaria   4
2. Il turismo risorsa utile e difficile da gestire   6
3. La situazione in Mediterraneo e in Adriatico   14
   3.1. La Pesca   18
   3.2. Argomento di interesse sovranazionale   22
   3.3. La scelta delle aree protette in mare e lungo la costa   24
4. **La pianificazione delle Aree Marine Protette**   26
   4.1. Pianificare e gestire le Aree Marine Protette   29
   4.2. Integrated Coastal Zone Management   34
5. **Programmi, bilanci e partecipazione**   38
   5.1. La partecipazione e il coinvolgimento   41

PARTE II: LA REALTÀ DELLA REGIONE ADRIATICA   45
1. **La regione Adriatica e la cooperazione**   46
   1.1. L'ecosistema adriatico   49
   1.2. La situazione economica degli Stati adriatici   54
   1.3. La cooperazione transfrontaliera   61
   1.4. L'Iniziativa Adriatico Ionica   66
2. **Le aree protette adriatiche**   70
   2.1. La ricerca bibliografica e cartografica   73
   2.2. La verifica diretta con interviste   78
3. **Lavorare in rete: MedPAN e AdriaPAN**   82
   3.1. I Network tra aree protette   84
   3.2. La rete MedPAN   87
   3.3. La rete AdriaPAN   89
   3.4. Il valore aggiunto dei Network   98
4. **Un'indagine per l'Adriatico**   100

Conclusioni   107

Allegato – Carta di Cerrano   109

Bibliografia   120

PARTE I: GLI STRUMENTI DI GESTIONE

1. Il quadro internazionale e la normativa Comunitaria

Ogni nazione ha una propria posizione sul come considerare le aree protette all'interno di una pianificazione generale. Le varie tendenze possono essere raccolte in tre filoni. Il *primo* è quello, seguito a esempio dalla Danimarca, che tende a non riconoscere uno strumento speciale solo per aree particolari. Le aree protette, cioè, rientrano negli strumenti più generali di governo del territorio come piani paesistici, naturalistici o di assetto forestale. Il *secondo* filone è quello di integrazione per mezzo di speciali strumenti di connessione come avviene in Germania e in qualche modo in Inghilterra. La *terza* strada invece, che è prevalentemente seguita anche in Italia, è quella di dotare le aree protette di propri specifici Enti di amministrazione con propri strumenti di gestione e di pianificazione, parzialmente anche autonomi e indipendenti da quelli che sono gli indirizzi di gestione e i piani urbanistici, territoriali o paesistici di competenza di altre amministrazioni locali.

Nel dibattito culturale sul tema specifico della pianificazione territoriale la necessità di istituire aree protette, con propri confini e con norme sovraordinate a quelle ordinarie, viene considerata una forma di incapacità della scienza urbanistica moderna di controllare le forze economiche consumative del suolo e le dinamiche sociali. Ciò nel dibattito locale come in quello internazionale.

La Comunità Europea fin dagli Anni '70 ha avviato un programma di gestione del patrimonio naturale continentale che vede tutti i paesi coinvolti nell'applicazione di direttive comuni.

Nel settore della conservazione della natura si è cercato di sviluppare nel tempo un sistema per superare il paradosso di una protezione dell'ambiente operata a livello puntuale e solo all'interno di specifiche aree protette, anziché agire sull'area vasta (Marchisio, 1999).

L'iniziativa che più di ogni altra ha avuto successo negli stati membri è quella che fa seguito a una serie di direttive volte in principio alla protezione degli *uccelli* migratori, poi anche degli *habitat* e delle altre specie animali di particolare importanza presenti sul territorio europeo.[1]

Si tratta del programma denominato *Natura 2000*[2] che mira alla creazione di una rete europea di aree protette, identificate genericamente con il nome di Siti di Interesse Comunitario,[3] volte proprio a stemperare la situazione di una conservazione della natura operata solo su "isole felici". L'individuazione dei siti è stata realizzata in Italia dalle singole Regioni, in un processo comunque coordinato a livello centrale, e ha fornito un impulso di grande rilievo alla politica della conservazione della natura in Italia.

Si sono così poste le basi per un rapporto estremamente positivo che continua a esprimersi anche dopo la fase di individuazione dei siti nelle successive azioni di tutela, gestione e attivazione di piani e progetti di sviluppo sostenibile.

---

[1] Ci si riferisce in particolare a due Direttive Comunitarie: la Direttiva 79/409/CEE *"Uccelli"* del 2 aprile 1979 e la Direttiva Comunitaria 92/43/CEE *"Habitat"* del 21 maggio 1992.

[2] *Natura 2000* è il nome che il Consiglio dei Ministri dell'Unione Europea ha assegnato ad un sistema coordinato e coerente di aree destinate alla conservazione della biodiversità presente nel territorio dell'Unione stessa ed in particolare alla tutela di una serie di habitat e di specie animali e vegetali indicati nelle Direttive "*Uccelli*" e "*Habitat*". Fonte:
http://ec.europa.eu/environment/nature/natura2000/index_en.htm (01.02.2010).

[3] In realtà al programma Natura 2000 fanno riferimento sia i Siti di Interesse Comunitario (SIC) individuati in osservanza alla cosiddetta *Direttiva Habitat*, sia anche le Zone di Protezione Speciale (ZPS) individuate invece sulla base dei criteri indicati dalla *Direttiva Uccelli*. A livello internazionale le sigle utilizzate sono rispettivamente: SCIs (*Sites of Community Importance*) e SPAs (*Special Protection Areas*).

In Italia i Siti proposti sono stati inizialmente 2.413, nel tempo il numero è poi cresciuto a 2.565 e continua a crescere per la necessità avvertita dalla Commissione Europea di far individuare un maggior numero di siti marini per tutti i paesi europei e, in particolare, per lo Stato italiano.[4] I siti inizialmente ricadevano prevalentemente nell'ambito di aree già dotate di provvedimenti di tutela di carattere regionale o nazionale, per una serie di motivi legati sicuramente al fatto che le aree più delicate erano già sotto un provvedimento di tutela al momento dell'attivazione del progetto *Bioitaly*, ma anche perché le analisi, da svolgere necessariamente in maniera indisturbata affinché si abbiano dati credibili, si sono potuti rilevare ed effettuare prevalentemente in aree territoriali dove era già garantita una forma di tutela.

Oggi la rete di aree protette, SIC e ZPS, facenti parte di *Natura 2000* risulta essere la discriminante fondamentale per l'accesso ai finanziamenti comunitari del settore ambiente. Starne fuori significa avere precluse molte possibilità di accesso a programmi di finanziamento come, per fare due esempi: *Life Natura* e *Life plus,* che a cadenza annuale continuano a fornire buone possibilità a pubbliche amministrazioni, imprese, associazioni e privati su progetti legati alla conservazione delle specie e degli habitat riconosciuti come prioritari.

2. Il turismo risorsa utile e difficile da gestire

È in atto, a partire dai paesi occidentali fino ai continenti meno sviluppati, un articolato processo di disgregazione e perdita di identità delle comunità innescato dall'incalzante globalizzazione e da aspetti del processo di emancipazione e di democratizzazione delle società, nonché dai processi di

---

[4] Fonte: UE-Commissione Europea, *Barometro Natura 2000,* Newsletter della DG Ambiente della Commissione Europea, n.33, Gennaio 2013.

deregulation e dall'omologazione dilagante che ne deriva. Una situazione preoccupante che vede, da un lato il rischio di una perdita totale dei valori condivisi che legano le persone in comunità e le comunità al loro territorio e, dall'altro, insicurezza ansia e disagio che rischiano di sfociare in atteggiamenti localistici e di chiusura.

La modernità della cultura occidentale ha segnato il trionfo di una forma di razionalità assai particolare in cui l'organizzazione spinta delle risorse, naturali e umane, porta a una società sempre più articolata ed efficiente nella quale tuttavia le relazioni tendono a diventare formali e impersonali. Una modernità ambivalente, come individuata da molti pensatori a cavallo tra il XIX e XX secolo, che vede, da un lato, una *universalizzazione*, in una ragione condivisa da tutti gli esseri umani del globo in cui il nuovo supera l'antico e in cui l'efficienza economica va estesa a tutti i paesi, dall'altro un concetto di *individualizzazione* dominante che porta l'individuo all'autonomia, alla indipendenza e alla libertà di scelta ma anche a una assenza di creatività, a una omologazione dei comportamenti, a una disumanizzazione dei rapporti e a un completo isolamento fuori, socialmente, da una comunità, per quanto fisicamente vi vive immerso (De Marchi et ali, 2001).

Ancora circa sessant'anni fa l'intera regione Adriatica appariva come una società sostanzialmente rurale, con uno sviluppo industriale limitato al nord-ovest dell'Italia, se confrontata ai paesi avanzati del resto del continente europeo. In tutte le nazioni adriatiche si sono intrecciati due processi in genere strettamente congiunti, ma non necessariamente ordinati secondo le stesse scansioni cronologiche: lo sviluppo industriale e la modernizzazione sociale. Insieme a regimi demografici fondati sulla bassa mortalità, alla scomparsa delle grandi sindromi carenziali e infettive (malaria, rachitismo, scorbuto, etc.), all'urbanesimo, a tassi di scolarizzazione crescenti, la modernizzazione è stata caratterizzata da una progressiva scomparsa della società rurale, con un trasferimento di popolazione non solo dalla campagna alla città, ma anche dal lavoro agricolo a quello industriale e dei servizi. In Italia negli anni cinquanta la società rurale resiste come spazio sociale ed economico nel quale trova non solo dimora, ma anche lavoro, la metà degli italiani (De Bernardi e Ganapini, 1996).

Dal 1992 le raccomandazioni espresse nell'ambito del Summit per la Terra di Rio De Janeiro, attraverso l'Agenda 21, fino al 5° programma di Azione per lo Sviluppo Sostenibile, tutti i documenti ufficiali dei paesi occidentali richiamano alla necessità di avviare una forma di sviluppo che sia sostenibile sia per l'ecosistema che per le varie realtà sociali in cui esso si colloca.[5]

La parola *sostenibile* è apparsa da qualche tempo in ogni dove. Se in altri campi la cosa può essere un semplice pretesto per legittimare un'azione più o meno moralmente corretta, nel settore del turismo è una vera e propria sfida.

Troppo spesso, infatti, in questo settore vengono a contatto diretto realtà troppo differenti tra loro, sia in senso *ambientale*, inteso come possibile conflitto tra l'opera dell'uomo e la conservazione della natura, sia in senso *sociale*, nel momento in cui la forza dirompente del benessere di alcune popolazioni del mondo altera i delicati equilibri dei continenti meno sviluppati.

Intorno a questi argomenti si sviluppa il più grande dibattito socio-politico di questo secolo che vede confrontarsi da un lato chi ritiene che il processo di globalizzazione in corso sia un modo per portare democrazia,

---

[5] Dal *Rapporto Brundtland* della *Commissione Mondiale per l'ambiente e lo sviluppo*, si legge: «lo sviluppo sostenibile è uno sviluppo capace di rispondere ai bisogni della generazione attuale, senza compromettere la capacità delle generazioni future di rispondere ai propri».

libertà e benessere in paesi in cui tali caratteristiche sono spesso assenti, dall'altra chi ritiene che è proprio questo stesso processo che impedisce a quei paesi di avere una normale evoluzione verso migliori condizioni di vita.

Il turismo in questa diatriba può rappresentare uno dei "fronti" più caldi. Tentare di portarlo a essere "sostenibile" appare a volte impresa assai ardua e nel dibattito appena evidenziato, ciò che per taluni appare come una forma di aiuto ai paesi meno sviluppati, per gli altri può essere intesa come una forma di colonizzazione.

Si stima che il turismo muova persone su cifre vicine ai 3miliardi di arrivi e ai 6 miliardi di presenze turistiche nei vari paesi del mondo. Dal 1980 è iniziato un fenomeno internazionale di affermazione di nuove mete turistiche in Paesi dove l'affluenza dei visitatori non costituiva una tradizionale forma di attività economica. Ciò ha portato a una globalizzazione dell'attività turistica che oggi interessa ogni angolo del pianeta (Mercury, 2009).

Si assiste in questi anni alla crescita di un turismo che trova nella fruizione della natura la sua motivazione principale. Protagoniste di questo turismo sono persone che cercano nella natura non solo momenti di rigenerazione ma anche di crescita culturale. Le aree protette, possono e devono non soltanto rispondere a questo tipo di turismo, ma ai fini della stessa conservazione del loro patrimonio naturale, far crescere il rispetto della natura attraverso un'azione di conservazione, educazione, fruizione compatibile. Con queste motivazioni le aree protette dovrebbero operare per orientare e qualificare i flussi turistici e perché l'organizzazione turistica si qualifichi e si tipicizzi sempre più.

Raggiungere condizioni di efficienza funzionale sempre migliori, attraverso la dotazione di servizi e attrezzature, con interventi mirati, è uno degli obiettivi da perseguire, finalizzando questa azione a uno sviluppo socioeconomico, possibile grazie a risorse e caratteristiche intrinseche del territorio.

È questo il passo in cui la pianificazione lascia il posto alla progettazione puntuale, una progettazione cui non sarebbe superfluo un vademecum di accompagnamento che metta chiarezza nel concetto di *genius loci*, molte volte confuso con un'ipocrita tradizionalismo stilistico privo di una reale aderenza all'identità locale.

Al contrario, interventi mirati alla corretta fruizione della risorsa territorio, portano da una parte alla crescita dell'indotto turistico, dall'altra allo sviluppo dell'occupazione, attraverso la creazione di nuove figure professionali. Accanto al lavoro di tipo tradizionale (quello per esempio legato alla realizzazione di sentieri natura o alla creazione di centri visita attraverso la ristrutturazione di immobili storici esistenti), lo sviluppo della cultura del proprio luogo provoca la creazione di nuove attività legate a un approccio al paesaggio di tipo educativo.

Nell'antichità la comunità disponeva di formule d'equilibrio sostenibile trasmesse da tradizioni ancestrali quali il culto dei morti e della terra che alimentavano una maggiore attenzione e cura di fronte a "tutto ciò che veniva calpestato". Non era quindi solamente un motivo dettato da una tradizione culturale connessa a un'economia di carattere principalmente agricola, ne tantomeno di superstizione, quanto semmai il frutto da un'educazione famigliare al culto dei propri avi connessi alla terra, elemento che produce quanto necessario al sostentamento della vita e al cui termine riaccoglie tutti.

La dimensione temporale è cambiata, tuttavia la coscienza comune di una comunità residente è sempre tanto più forte e radicata al luogo quanto più vede in esso il motivo della sua esistenza. È appunto questo motivo ciò che rende più che mai attuale il *genius loci* come elemento radicale per uno sviluppo sostenibile del turismo. Si tratta di uno sviluppo che poggia sempre su una percezione di un identità territoriale, in cui la gente s'identifica di fronte a qualsiasi fenomeno esterno o azione da intraprendere nel futuro (Cestari, 2007).

Il fenomeno turistico è in mutamento continuo e rapido, con la costante crescita e la riduzione di settori importanti. Oggi un interesse speciale sembra concentrarsi sulle vacanze "attive", che comportano a vario titolo una presa di coscienza e responsabilità da parte del turista. Questo tipo di vacanza coincide con una destrutturazione dei tempi, così che molte vacanze vengono programmate fuori stagione e in più riprese, con un accorciamento dei tempi di permanenza. Inoltre, diventa sempre più oggetto di considerazione, da parte degli esperti del settore, il tipo di impatto ambientale e umano del turismo, che viene progressivamente concepito come uno strumento di sviluppo regionale e di conservazione del patrimonio naturale e culturale.

Il turismo è un business altamente dinamico e i turisti sono individui dai gusti dinamici. Ciò che attrae un viaggiatore non ne attrae necessariamente un altro. Ad alcuni piace visitare delle attrazioni famose, comprare souvenir, mangiare bene e dormire in un hotel confortevole. Per altri sono più interessanti delle località sconosciute e fuori mano, senza considerare la presenza di buoni ristoranti o hotel di lusso. I turisti vengono da diversi ambienti sociali, hanno gusti diversi e valori sociali differenziati: pertanto vengono attratti da destinazioni diverse. Questa diversità crea opportunità anche per comunità per ora escluse dal mercato turistico o marginalizzate. Le comunità però devono contrastare una serie di problemi, primo tra i quali il mancato riconoscimento internazionale per la mancanza di un nome famoso e conosciuto (Jovanović, 2009).

Negli anni '80 e '90 la tendenza nel marketing era di svolgere prevalentemente una funzione di attuazione di campagne pubblicitarie. La logica consisteva nel seguire un processo che iniziava con la creazione dell'immagine dell'offerta turistica, poi la sua distribuzione sul mercato e infine la sua promozione diretta verso la domanda. Tuttavia il mercato turistico è oggi composto da una domanda più attenta, esigente ed evoluta. Pertanto il marketing va sviluppato in modo più esauriente e completo, tornando a essere quello per il quale è nato: uno stile di management coerente. Questo vale soprattutto nel turismo sostenibile, dove è essenziale che il marketing della destinazione governi le logiche commerciali del luogo secondo criteri di sostenibilità, con criteri seri di verifica del gradimento della domanda, con il monitoraggio costante dei valori del luogo, e con continue azioni correttive e di sviluppo organizzativo. La promozione pertanto non può più essere il centro della funzione marketing. È la stessa domanda turistica responsabile che non lo accetta. Essa chiede infatti credibilità al valore delle informazioni pubblicizzate, e non si accontenta di certo delle certificazioni che vengono promosse. La nuova domanda è infatti alla ricerca di *esperienze di vita*, concrete e autentiche. La funzione marketing pertanto deve esprimersi a tutto campo per produrre da un lato e per selezionare nuovi target dall'altro, assicurandosi in modo manageriale che quanto propone è coerente alle aspettative. Insomma deve fare più management per migliorare e meno promozione.

    Se questa funzione manageriale venisse impedita, certamente si potrebbero riscuotere maggiori risultati promozionali, ma oltre a dover ogni anno spendere sempre più energie per rendere credibile la promozione, non si potrebbe consolidare alcuno sviluppo sostenibile, ne l'identità del luogo, e ancor meno il supporto della gente, residente o visitatrice (Cestari, 2009).

    La funzione del marketing turistico è di fatto divenuta una funzione "etica", necessaria per prevenire la domanda. Non può essere diretta e governata secondo logiche d'interesse di una parte della popolazione, bensì a favore di chi – residenti come visitatori - sul territorio riconosce e sostiene il valore del luogo e della sua sostenibilità. Sostenibilità da intendere non solo dell'ambiente naturale originario, né solo di una tradizione culturale locale, né solo della sua continuità economica, bensì di tutte e tre insieme.

La funzione del marketing turistico oggi può avere un unico scopo serio: assicurare la massima sostenibilità al luogo. Questo processo avviene non solo attraverso un piano ma anche e soprattutto attraverso un metodo di conduzione dal punto di vista turistico che consiste nel produrre continue formule create per "rivelare" il valore del luogo.

Quanto più è condivisa dalla popolazione e dai visitatori la rivelazione del valore, tanto più assicura uno sviluppo sostenibile per chiunque lo sostiene concretamente. È una forma di marketing che deve essere necessariamente educativa, che non può dipendere da logiche di parte, in quanto la rivelazione deve presentare e favorire gli aspetti più vivi e vicini all'identità del luogo.

È stato approfondito, in particolare nelle aree protette, lo studio della influenza che l'attività del gestore di un Parco o di una Riserva può avere sulle persone del posto o sugli abitanti di centri o città non lontani dall'area protetta, spesso legati a tali luoghi da vincoli di proprietà, di parentela o di semplice affetto nei confronti delle più prossime aree di pregio rispetto al sito di propria residenza.

Per i Parchi più ampi, ad esempio, si è osservata una forte attività turistica legata a spostamenti brevi con visite di una sola giornata. Tale forma di frequentazione dei luoghi migliori non lontani dal luogo dove si vive, è definito *turismo di prossimità*. (Polci e Gambassi, 2004).

La distribuzione geografica è tale che non esiste luogo abitato nei paesi che circondano l'Adriatico da cui non si raggiunga un'area protetta in meno di un'ora di viaggio. Il turismo di prossimità svolge il ruolo di motore per i promotori del turismo nelle aree protette ed è una spinta dal basso che consente l'attivarsi delle dovute forme di concertazione tra gli attori locali che consentono l'avvio e la gestione di un progetto turistico condiviso. Costituisce, inoltre, una base primaria per un ragionevole introito economico, ma anche quella larga fascia di consenso sociale intorno all'iniziativa che permette il raggiungimento degli obiettivi più ambiti attraverso l'aiuto economico e strategico delle autorità Locali.

3. La situazione in Mediterraneo e in Adriatico

Negli anni '70 non si aveva ancora una percezione diffusa delle problematiche ambientali, le crisi petrolifere erano ancora viste come semplici problemi economici, non si aveva ancora una generalizzata coscienza dei fenomeni globali e il mare ancora presentava ovunque una straordinaria capacità di rigenerarsi dopo i primi disastri ecologici.

Fu a Stoccolma nel 1972, nel primo Summit mondiale sull'ambiente, che tutti i Paesi del mondo e, soprattutto, i Governi di quegli stessi paesi, iniziarono a comprendere la dimensione delle problematiche ambientali. Allo stesso tempo, però, presero anche atto delle enormi difficoltà che si sarebbero incontrate per concordare le migliori forme di sviluppo da adottare.

Il Consiglio delle Comunità Europee in quegli stessi anni rifletteva sulla delicatezza degli ecosistemi del Mediterraneo. A causa della forte pressione antropica esistente sulle proprie coste, il bacino del Mediterraneo evidenziava una condizione di forte difficoltà da un punto di vita ambientale.

Il 71% degli habitat di interesse comunitario inclusi nell'allegato 1 della Direttiva 92/43/CEE (Habitat) si trova nella Regione Biogeografica Mediterranea. Non è un caso, quindi, che le aree costiere del Mediterraneo ospitino gran parte delle aree protette europee (Parchi naturali, Riserve, Oasi o SIC e ZPS, cioè siti della Rete Europea Natura 2000). Nel Mediterraneo, e nell'Adriatico in particolare, tecniche scorrette di pesca hanno, nel tempo, impoverito enormemente la risorsa ittica e l'inquinamento trasportato dai fiumi, l'urbanizzazione spinta delle coste e l'installazione di impianti industriali inquinanti hanno ulteriormente contribuito ad alterare la produttività di un mare che, in ogni caso, risente della sua stessa posizione geografica e conformazione fisica di mare chiuso. Gran parte delle coste mediterranee sono in fase di erosione e le falde freatiche costiere soffrono di una progressiva salinizzazione, sia a causa di fenomeni naturali (ridotte precipitazioni, innalzamento del livello del mare, movimenti delle masse emerse) sia per cause antropiche (riduzione dell'apporto solido a mare a causa dell'imbrigliamento dei fiumi o della captazione delle sorgenti, prelievo industriale e agricolo di acqua dolce dalla falda superiore, cementificazione del territorio per urbanizzazione ecc.) con conseguenze negative sull'economia e sulla qualità delle acque marine costiere (Naviglio, 2009).

Nel 1977 è stata approvata a Barcellona, con l'Italia tra i paesi promotori, la *Convenzione sulla protezione dell'ambiente marino e dei litorali del Mediterraneo*. Quella che da lì in poi è sempre stata chiamata la "Convenzione di Barcellona" è uno dei capisaldi nella normativa internazionale a tutela del Mar Mediterraneo. Si tratta di un importante provvedimento che riconosce al Mediterraneo un ruolo di regione geografica di estremo valore. Più avanti in questo lavoro si parlerà diffusamente di questo accordo internazionale, quello che qui preme evidenziare è il fatto che vi si riconosce, tra l'altro, il fatto che non esiste mare sul pianeta dove una tale combinazione di valori unici e universalmente riconosciuti, naturali e culturali, debba coesistere con una pressione umana straordinariamente intensa e pervasiva, come avviene nel Mediterraneo.

Sarebbe immaginabile che l'umanità fosse attenta nell'affrontare questa problematica, al fine di trovare soluzioni a eventuali conflitti, assicurandosi così, che non si perdano le meraviglie del Mar Mediterraneo. Certamente si sta lavorando in questa direzione, ma sia l'impegno che i risultati appaiono ancora davvero limitati. Sono passati trent'anni dalla enunciazione di Barcellona e molti sono stati i passi fatti per la protezione delle nostre coste e del nostro mare. Le condizioni di salute del Mediterraneo, però, non sembrerebbero ancora migliorate (Notarbartolo di Sciara, 2008).

Si tratta di una materia molto complessa: ci sono le acque internazionali, esistono i diritti di pesca, vigono codici internazionali di navigazione. Dall'entroterra, poi, affluiscono fiumi che provengono da aree o addirittura nazioni, ben lontane dai litorali. E poi la costa: i luoghi migliori per uno sviluppo delle aree urbane, climi temperati, spazi facili da antropizzare, luoghi ottimi per la realizzazione di strade e ferrovie, aree ideali per lo sviluppo delle attività produttive.

La tutela del mare e delle coste, o anche una gestione più oculata di questi luoghi, nel Mediterraneo, non è cosa semplice da attuare.

Tanti sono al riguardo i provvedimenti adottati dall'Unione Europea o dai singoli Stati e altrettanti sono gli Accordi su base regionale e le Convenzioni a livello internazionale.

Tra i più importanti e recenti provvedimenti in ordine di tempo che si possono registrare c'è la determinazione pubblicata sulla Gazzetta UE del giugno del 2008 concernente la *Direttiva quadro sulla strategia per l'ambiente marino*, che ha posto obiettivi e scadenze precise per la politica comunitaria in materia. È considerato un punto di svolta, la direttiva n.2008/56/CE, che ha posto, finalmente in maniera organica, obiettivi e scadenze precise per la politica comunitaria in materia.[6]

Si tratta di un nuovo approccio che abbandona la settorialità tipica degli strumenti adottati in ambito UE, che aveva sempre caratterizzato i

---

[6] Direttiva 2008/56/CE del Parlamento Europeo e del Consiglio che *istituisce un quadro per l'azione comunitaria nel campo della politica per l'ambiente marino*. Gazzetta Ufficiale dell'Unione Europea del 25 giugno 2008.

precedenti provvedimenti in materia di tutela dell'ambiente marino e che non aveva ancora portato, se non per limitati aspetti, al raggiungimento degli obiettivi prefissati. Si è ritenuto che con questa direttiva ci sia stato un cambiamento di rotta volto a impostare una nuova politica integrata e innovativa.[7]

Oltre a importanti previsioni per il controllo delle questioni legate all'inquinamento marino la direttiva è volta a «garantire la conservazione e l'uso sostenibile della biodiversità marina e a istituire una rete mondiale di zone marine protette entro il 2012». Nello specifico le azioni previste «comprendono misure di protezione spaziale che contribuiscano a istituire reti coerenti e rappresentative di zone marine protette le quali rispecchino adeguatamente la diversità degli ecosistemi quali: aree speciali di conservazione ai sensi della direttiva *Habitat*, zone di protezione speciali ai sensi della direttiva *Uccelli* e zone marine protette, conformemente a quanto convenuto dalla Comunità o dagli Stati membri interessati nell'ambito di accordi internazionali o regionali di cui sono parti. [...] Al più tardi entro il 2013 gli Stati membri mettono a disposizione del pubblico le informazioni utili, in relazione a ciascuna regione o sottoregione marina sulle zone di cui» sopra.[8]

I paesi membri sono chiamati ad adottare concrete misure di conservazione all'interno di un crono programma che vede tra il 2012 il 2014 la fase di preparazione ed entro il 2016 «l'avvio di un programma di misure finalizzate al conseguimento o al mantenimento di un buono stato ecologico».

---

[7] Cfr. ROVITO Cristian (2009), *La strategia per la tutela dell'ambiente marino nella Direttiva Europa 2008/56/CE*, Diritto dell'Ambiente, testata giornalistica *on line*. Fonte: www.dirittoambiente.com (23.12.2009).

[8] Parti riprese dagli Artt. 1; 2 e 13 della Direttiva 2008/56/CE del Parlamento Europeo e del Consiglio.

Con questa direttiva si tenta di integrare anche la rete *Natura 2000* nell'ambito delle tante azioni di *Network* verso cui tutte le Aree marine protette, a livello mondiale, si stanno muovendo da tempo; azioni volte a rendere pratiche le diverse ipotesi di salvaguardia di un ecosistema fortemente caratterizzato dalla facilitata mobilità di ogni forma di vita come quello marino. Attraverso questa integrazione si prende una giusta rotta per superare definitivamente quella che, come è stato giustamente osservato, rappresenta forse uno dei pochi difetti della *Direttiva Habitat*: «decisamente carente per quanto riguarda l'ambiente marino mediterraneo e delle specie che vi vivono».[9]

L'obiettivo finale della direttiva consiste nel raggiungimento di un buono stato ecologico dell'ambiente marino europeo entro il 2021.[10]

3.1. La Pesca

Gli scienziati e l'opinione pubblica sono oggi preoccupati di quanto, nell'attuale epoca dominata dalla presenza umana, il cosiddetto *Antropocene,* sia aumentata la scomparsa delle specie viventi. La velocità di riduzione nel numero è tale che l'attuale processo globale di estinzione è stato definito come la "Sesta Estinzione di Massa".[11] Per il mare la

---

[9] Cfr. ADDIS Daniela (2002), *Attuazione in Italia delle direttive n.92/43/Cee "Habitat" e n.79/409/Cee "Uccelli" in relazione alle Aree Marine Protette*, in Diritto Comunitario e degli Scambi Internazionali, Trimestrale del Collegio Europeo di Parma, Anno XLI n.3, Luglio-Settembre 2002, Editoriale Scientifica, Napoli, pag.638.

[10] Cfr. GRONDACCI Marco (2009), Direttiva 2008/56/CE del Parlamento Europeo e del Consiglio del 17 giugno 2008 (...), in Banca Dati ragionata di Diritto ambientale (www.amministrativo.it/ambiente, 20.12.2009).

[11] L'estinzione viene definita come il momento in cui l'ultimo individuo appartenente ad una specie cessa di esistere. Nella lunga storia del nostro pianeta si sono registrate cinque grandi "estinzioni di massa", di eventi, cioè, che hanno portato a cambiamenti improvvisi del numero e della composizione delle specie. La quinta

situazione è ancor più complessa essendo un ambiente in cui gli spostamenti sono alquanto semplificati per tutte le specie. Estinzioni a livello locale sono però sempre più frequenti e le principali minacce sono statisticamente costituite per ben il 55% dalla pesca, per un ulteriore 37% dalla degradazione degli *habitat*, e, per il restante 8% da altri fattori quali i cambiamenti climatici o l'introduzione di specie invasive. La cosa che più appare evidente, è il fatto che la pesca è capace di causare importanti diminuzioni di pesci e molluschi a livello sia regionale che locale (Raicevich et al., 2008).

L'intensificarsi delle attività di pesca e, soprattutto, gli sviluppi della tecnologia registrati negli ultimi anni nelle attrezzature utilizzate, hanno determinato in generale una riduzione degli stock ittici del Mediterraneo ormai ampiamente riconosciuta. Pur tenendo conto delle grandi diversità geografiche, sia come ambienti presenti che nelle diverse realtà sociali, lo sfruttamento delle risorse ha raggiunto livelli di assoluta insostenibilità.

La drastica riduzione delle quantità si è registrata, in particolare, nei casi in cui lo sforzo di pesca si è concentrato su stock monospecifici. In questi casi si rileva una maggiore efficacia dei mezzi di cattura grazie all'uso diffuso di sofisticate e moderne tecnologie che riescono a far prelevare la quasi totalità degli esemplari individuati di quella specifica specie.

---

estinzione, quella meglio conosciuta avvenuta nel Cretaceo, è rilevabile circa 65milioni di anni fa probabilmente causata dall'urto della terra contro un meteorite e pose fine alla dominanza dei rettili rispetto alla situazione attuale in cui prevalgono i mammiferi. L'attuale periodo di vita della terra dominato dalla presenza dell'uomo, per questo chiamato *Antropocene*, sta portando a una diminuzione repentina della biodiversità, tale da indurre a pensare ad un nuovo episodio di grande cambiamento.

Alcune modalità di pesca prevedono la totale cattura dei banchi una volta individuati attraverso l'impiego di aerei a supporto delle flotte di pescherecci in mare e con l'utilizzo di sofisticati sistemi radar e sonar.[12]

Se l'impatto ambientale immediato della pesca più selettiva ricade direttamente sugli stock commerciali di prodotti ittici a cui sono mirate le attività di cattura, altre forme di pesca producono danni anche maggiori in forma indiretta nei confronti anche di specie non commerciali o sull'ambiente in generale. Un fenomeno di vera e propria distruzione degli ecosistemi marini, a esempio, è rilevato sui fondali sabbiosi limitrofi alle coste laddove si opera la pesca di Vongole con l'uso di draghe idrauliche. Le cosiddette "turbosoffianti" provocano una vera e propria devastazione dei sedimenti con danni incalcolabili alle forme giovanili e alla fauna fossoria, la principale fonte d'alimento per molte specie ittiche di grande interesse commerciale (Vietti e Tunesi, 2007).

Ma anche mammiferi marini quali balene e delfini, o rettili come le tartarughe, specie di pesci e organismi che vivono nel fondo del mare, nonché uccelli di specie pelagiche, possono essere danneggiati involontariamente o indirettamente da attrezzi da pesca.

Si deve tener conto che nel Mediterraneo sono segnalate 21 delle circa ottanta specie di cetacei esistenti. I cetacei, con gli squali, sono al vertice della catena alimentare degli ecosistemi marini e, quindi, sono specie di particolare importanza per mantenere gli equilibri naturali esistenti.

Su queste, i sistemi di pesca che hanno un impatto maggiore sono quelli non rivolti a una ben precisa specie ittica. Efficaci ma in alcun modo selettivi, tali sistemi di pesca catturano accidentalmente esemplari di specie anche in via di estinzione.

---

[12] Tra le inchieste la più recente VISETTI G., *Le reti vuote dell'Adriatico*, quotidiano "La Repubblica" del 25 febbraio 2009, inserto R2L'Inchiesta.

Nel Mar Mediterraneo viene stimato un numero di uccisioni accidentali a causa degli attrezzi da pesca di circa 8.000 cetacei all'anno. Si stima che ogni anno muoiano nelle reti da pesca mondiali circa 300.000 esemplari di cetacei, ben 1.000 al giorno.[13]

Ma è quella illegale la vera piaga del mondo della pesca poiché vanifica ogni sforzo comune volto a cercare di rendere sostenibile l'attività di pesca in Mediterraneo. La pesca illegale mina alla radice ogni presupposto di utilizzazione sostenibile delle risorse del pianeta. È un danno per tutti, per primi i pescatori ma anche per il resto della popolazione che potrebbe veder presto ridotte risorse alimentari estremamente preziose, sia quelle direttamente oggetto della pesca, sia altre che verrebbero colpite da un disequilibrio degli ecosistemi.

La pesca non dichiarata e non regolamentata è fenomeno comune anche nel mare Adriatico dove è pratica diffusa quella sotto costa e di esemplari sotto misura, nonché l'attività alieutica su praterie di fanerogame. La portata del fenomeno e le sue conseguenze ambientali, economiche e sociali sono tali da porla come autentica "priorità" in quanto contribuisce all'esaurimento degli stock ittici, e spesso vanifica l'efficacia delle misure di protezione e di ricostituzione attuate per garantirne il mantenimento. Il suo peso è tale da arrecare un considerevole danno alle attività economiche dei pescatori mettendo a repentaglio la sopravvivenza stessa delle comunità costiere.

L'attrezzo più discusso in termini di pesca illegale è la rete pelagica derivante, la famosa *Spadara*. Si tratta di una rete lunga oltre i 2,5 Km, fino anche a 16 Km, lasciata in mare a fluttuare con le correnti in maniera quasi

---

[13] A questa problematica si affianca anche un altro effetto di cui è importante tenere conto: quello della cosiddetta "pesca fantasma". Una vera e propria strage silenziosa, impossibile da monitorare e controllare, causata dalle reti perse o abbandonate in mare che continuano a catturare pesci e cetacei senza mai essere raccolte.

del tutto incontrollata e, per questo, considerata la più pericolosa per le catture accessorie rispetto alle specie bersaglio.

Messa al bando dalla Commissione Europea nel 2002 e in tutto il Mediterraneo dal 2005, la *Spadara* è ancora utilizzata illegalmente. Solo nel 2005 la Guardia Costiera Italiana ne ha confiscato ben 800 km, seguiti dai 600 Km del 2006 (Olivieri, 2009).

Esempio attuale di una specie che rischia di scomparire dal Mediterraneo è quello del Tonno rosso. È stato stimato che il suo prelievo avviene a velocità tripla rispetto alla capacità riproduttiva della popolazione presente. Inchieste giornalistiche hanno spesso denunciato un mercato nascosto che coinvolge centinaia di pescherecci dotati delle migliori tecnologie per l'individuazione dei branchi e la loro totale cattura, compresi i riproduttori e gli esemplari sottomisura, in tutto il Mediterraneo. Sistemi di ingrasso in acque di altri paesi consentono poi di commercializzare il prodotto sui mercati orientali a prezzi molto elevati. Il Tonno rosso in Adriatico è ormai un ricordo, presente ancora perché animale capace di alte velocità ed estesi spostamenti, è comunque sempre più difficile da vedere.

Controllare le attività di pesca, però, non è cosa facile sia per il contesto socioeconomico disgregato e poco propenso a un controllo ma anche a causa di importanti limiti dell'azione di tutela nei confronti di un settore imprenditoriale importante per molte comunità costiere come sarà approfondito più avanti.

3.2. Argomento di interesse sovranazionale

Elemento importante che differenzia la tutela dell'ambiente marino rispetto al mondo terrestre delle aree protette è legato alla caratteristica di bene collettivo che ha sempre contraddistinto il mare e tutto il suo contenuto di acque, forme viventi e risorse geominerarie.

Dal XV secolo con la forte presenza della Repubblica di Venezia in Mediterraneo, fino alle pretese dei portoghesi sull'Oceano Indiano nel '600, per arrivare ai più recenti atti unilaterali volti a restringere i diritti di navigazione e di utilizzo delle risorse del mare fino alle attuali riconosciute Zone Economiche Esclusive (ZEE), molti sono stati i tentativi di limitazione della libertà nei mari ma, anche se in continuo movimento, il diritto internazionale ha sempre cercato di riconoscere la libertà di esercitare in Alto Mare, ricerca, navigazione, prelievo di materiali e pesca, nonché la realizzazione di isole e installazioni artificiali.

Ma se da un lato esiste ancora una inevitabile e spontanea anarchia nella gestione delle attività in mare, dall'altro, si vanno sempre più rafforzando le competenze degli Stati costieri per tutelarne l'ambiente e le forme viventi che vi si trovano; al punto da chiedersi quanto siano giustificate da motivi ambientali l'istituzione di alcune Aree Marine Particolarmente Sensibili (PSSA), rispetto a una volontà preordinata di spostare le rotte di traffico verso il mare aperto o in ZEE di altri paesi (Caffio, 2006).

Come si è detto sopra, in Mediterraneo e in Adriatico intervengono fattori inquinanti e di disturbo per l'ambiente marino e costiero che provengono da una terraferma su cui le organizzazioni nazionali non sono tutte afferenti all'Unione Europea. Non è scontato, quindi, che la situazione possa migliorare lavorando solo attraverso gli accordi interni all'U.E. ma, sicuramente, un importante passo avanti si farebbe se almeno gli Stati che assumono impegni in quel contesto applicassero quanto concordato. Ciò alla luce del fatto che notoriamente sono i paesi più industrializzati a creare le condizioni di eccessiva utilizzazione e sovra-sfruttamento delle risorse naturali. Maggiore è pertanto da considerare la responsabilità dei Paesi UE su quanto avviene in Mediterraneo e in Adriatico.

Difficoltà di vario genere, quindi, regnano sugli ecosistemi mediterranei e adriatici in particolare. Mari che bagnano differenti Stati e Continenti hanno particolari complessità di gestione.

I tempi con cui si raggiungono gli accordi e le procedure per attuare quanto deciso, appaiono ancora troppo lunghi.

In un tale contesto si ritiene che proprio le aree protette possono essere la scelta strategica migliore, almeno nel breve-medio periodo, per il fatto che, nonostante le difficoltà incontrate, hanno sempre garantito il mantenimento dei principi di conservazione per le quali erano state individuate.

3.3. La scelta delle aree protette in mare e lungo la costa

Le politiche di gestione delle aree protette hanno ormai da tempo superato le antiche formule che vedevano contrapposti sviluppo e conservazione con l'affermazione del concetto secondo il quale tali due fattori possono aiutarsi reciprocamente (Giacomini e Romani, 1982). Ma perché le aree protette, oltre a uno sviluppo economico indotto, siano garanzia costante, nel tempo, di salvaguardia e conservazione della biodiversità, con anche una adeguata "resilienza" del sistema nei confronti di eventi straordinari, è necessario che la gestione avvenga attraverso una rete, un sistema, di aree protette coerente e rappresentativo di tutti gli *habitat* rilevanti in Mediterraneo e, analogamente, nel sottosistema Adriatico (IUCN-WCPA, 2008).

Nella conferenza mondiale dell'IUCN (*Unione Internazionale per la Conservazione della Natura*), tenutasi a novembre del 2008 a Barcellona, sono stati pubblicati dati in cui l'Italia risulta essere il paese con il maggior numero di Aree Marine Protette e con la maggiore superficie a mare vincolata con ben 130Kmq di aree a protezione assoluta (Abdulla et al., 2008). A queste vanno poi aggiunte tutte le aree protette di differente denominazione, siano esse Riserve Naturali o Parchi, che esistono lungo le coste per volontà non solo dello Stato ma, anche e soprattutto, delle Regioni e degli altri Enti Locali.

L'esistenza di organismi di gestione creati per tali specifiche aree, siano esse marine o costiere, consente di affrontare le problematiche fin qui citate come spunto per un nuovo approccio al governo del territorio. Consorzi tra amministrazioni locali, Comitati di gestione interni, Enti appositamente costituiti o altre forme di amministrazione mista in convenzione con le associazioni, tutti organismi pensati per la gestione delle Aree Protette, si stanno adoperando per superare i punti di debolezza delle attuali formule amministrative reinventando le modalità operative, di pianificazione e di programmazione socio-economica.

Per poter lavorare in questa direzione, però, c'è bisogno anche di risorse. In ogni caso, infatti, una volta trovata la formula nell'attività istituzionale è necessario attivare il sistema economico finanziario che consenta di intervenire per garantire la salvaguardia delle risorse ambientali e il ripristino degli ambienti precedentemente danneggiati.

La scienza economica da tempo si confronta sui cosiddetti "costi indiretti" che gravano sulla società per l'utilizzazione che ogni attività umana sviluppa rispetto alle risorse naturali. Quando tali attività sono di tipo produttivo è ormai unanimemente riconosciuto il principio del "chi inquina paga" (OCSE, 1975).

Tale principio cerca di correggere l'inevitabile distruzione di alcune risorse ambientali in taluni processi produttivi attraverso l'*internalizzazione* dei costi esterni di sfruttamento o di degrado delle risorse. Gli strumenti concreti, però, elaborati dalla scienza economica e dalla ricerca operativa, nelle analisi delle forme giuridiche, appaiono assai inadeguati allo scopo. Il funzionamento di questi strumenti, infatti, è legato e condizionato da una serie di variabili di tipo economico, anche di carattere esogeno, che assumono andamenti non sempre uniformi e prevedibili. In Italia, gli strumenti di politica fiscale introdotti a tale scopo non sono sufficienti (Bizzarri, 2004).

Nell'ambito della protezione e conservazione della natura, il numero delle Aree Protette è cresciuto in maniera esponenziale negli ultimi anni e bene ha fatto il legislatore, non solo italiano, a muoversi in tal senso alla luce di quanto sopra accennato circa gli impegni assunti sui tavoli comunitari e internazionali.

La crescita di numero ha interessato molto le superfici a mare con l'istituzione di molte nuove Aree Marine Protette, contesto questo, però, che ha incontrato negli ultimi anni non poche difficoltà.

4. La pianificazione delle Aree Marine Protette

Il primo problema che si affronta in sede di dibattito collettivo, laddove viene istituita un'area protetta, è quello della definizione della sua perimetrazione. Un approfondimento su tale argomento è importante farlo al fine di calibrare correttamente la praticabilità delle scelte di pianificazione volte a una successiva corretta gestione.

L'idea del *confine netto*, per tutta una serie di provvedimenti concernenti differenti discipline, è sempre stata un punto molto delicato e controverso.[14] La stessa delimitazione dell'intera area protetta, intesa come sistema complesso e aperto, dovrebbe seguire la individuazione di quegli insiemi che essa include, cioè i confini territoriali e funzionali dei "sistemi" agenti sul territorio, evitando il più possibile di recidere le aree di influenza e il "campo" degli insiemi significativi e omogenei, siano essi appartenenti all'ordine naturale o a quello umano. Nella realtà del territorio non esistono limiti lineari bensì delle "fasce di tensione" esprimibili come aree soggette nel tempo a mutazioni. Diventa quindi difficile posizionare una linea di confine che faccia da separazione netta tra due condizioni differenti. Inoltre, tali

---

[14] Interessante al riguardo, per i risvolti anche sociali e psicologici oltre che tecnico-operativi, è il saggio: ZANINI P., *Significati del confine*, Milano, Bruno Mondadori Editori, 2000.

limitazioni sono mirate all'applicazione delle normative dell'area protetta che, come è facilmente intuibile, coprono le più svariate attività. È abbastanza improbabile che la più logica area di applicazione di tali norme coincida perfettamente per tutte le differenti attività. Per una perimetrazione dell'area protetta, e in particolare per la sua zonazione interna, sarebbe più comprensibile l'uso di un *confine multiplo* composto di varie *fasce di confine,* a seconda delle attività che vanno a delimitare, consistenti in fasce territoriali di adeguate dimensioni e variabili nel tempo (Giacomini e Romani, 1982).

Il tentativo di passare a una pianificazione per *zone tematiche* è stato effettuato in altri campi della geografia non direttamente connessi alla pianificazione territoriale e in alcuni piani paesistici regionali. Un tale sistema di zonazione è caratterizzato da «modalità di uso e di trasformazione degli spazi territoriali con riferimento ai singoli aspetti della idrogeologia, della biologia, della storia e della cultura. In realtà, infatti, le modalità di uso compatibile di una certa porzione territoriale variano notevolmente in relazione ai caratteri ambientali che la porzione medesima presenta. Un disegno zonale tematico, nel quale ogni branca disciplinare coinvolta viene non solo a definire l'entità e la localizzazione degli aspetti ambientali, bensì anche a proporre una sotto-articolazione zonale relativa a quegli aspetti, nonché la normativa d'uso di base per la loro specifica tutela, potrebbe risultare maggiormente efficace ai fini di una più attendibile graduazione delle possibilità di trasformazione territoriale e viceversa, delle esigenze di conservazione» (Rolli e Romano, 1995, p.24).

Si tratta di una zonazione legata non solo alla superficie geografica considerata ma anche al tema in base al quale quel confine viene indicato. Nella realtà delle aree costiere e nella necessità di pensare a una gestione integrata della fascia mare-terra, più o meno profonda in base alle influenze che i due diversi ambienti reciprocamente si creano, una zonazione tematica potrebbe portare a soluzione una serie di problematiche altrimenti difficilmente risolvibili.

L'applicazione reale di una *zonazione tematica* è però molto complessa e prevede la formulazione di regolamenti settoriali che individuano esattamente la "vocazione" di ogni luogo, dando così la possibilità di indirizzare meglio i provvedimenti di tutela. Un tipo di perimetrazione con tale impostazione darebbe luogo a non pochi problemi amministrativi e, quindi, oggi si preferisce ancora, per semplicità, agire con confini lineari, validi per tutte le tematiche espresse in normativa, con cui si delimitano sia l'intera area protetta, che le varie *zone* interne, differenti per grado di protezione.

La giustificazione a tale scelta si può ricercare solo nel carattere di provvisorietà che deve contraddistinguere qualsiasi piano. L'assetto di una qualunque area sensibile, infatti, va inteso come un qualcosa di dinamico che, avendo una continua evoluzione al suo interno, esige periodici rimaneggiamenti e aggiustamenti ai confini. Questo aspetto dinamico o ciclico, proprio di un piano, è certamente l'unica prerogativa comune a tutte le teorie che si sono sviluppate intorno alla pianificazione territoriale e paesistica. Nel caso di frequenti rimaneggiamenti, linee di confine nette e facili da individuare semplificano di molto l'apparato normativo che accompagna ogni piano, e lavora, quindi, nella direzione di uno snellimento delle procedure di revisione periodica.

La necessità di operare tali revisioni di piano, peraltro obbligatorie per legge nelle aree protette,[15] sconsiglia l'uso di tecniche di zonazione troppo complicate, che potrebbero intralciare i processi di riformulazione del piano a

---

[15] Es.: la *legge quadro sulle aree protette* n. 394/91, all'art.12 comma 6 (*Piano per il parco*), così recita: «il Piano è modificato con la stessa procedura necessaria alla sua approvazione ed è aggiornato con identica modalità almeno ogni dieci anni».

tal punto da vanificare i risultati dello sforzo effettuato per differenziare i regimi di tutela.

È una scelta inevitabile anche considerando il fatto che, come è stato già detto: «a favore di questo approccio pianificatorio, al di là di qualsiasi considerazione teorica, milita il semplice fatto che esso, nei limiti del possibile e della generale situazione nazionale, funziona davvero. E in fondo questo risultato, considerando le difficoltà con cui si può operare nel nostro paese, non sembra oggi secondario né trascurabile» (Tassi, 1994, pp.99-107).

4.1. Pianificare e gestire le Aree Marine Protette

L'istituzione di un'Area marina protetta, come anche per qualunque altra area protetta a tema, implica l'introduzione di vincoli o limitazioni nell'uso delle risorse ambientali volti alla protezione e alla valorizzazione delle emergenze naturali e paesaggistiche nonché all'individuazione di nuove opportunità economiche. Se condotta su basi corrette, tale scelta rappresenta un anello trainante del processo d'integrazione tra le esigenze di protezione e quelle di sviluppo, assicurando un miglioramento nella qualità della vita delle popolazioni rivierasche. Affinché, però, le Aree marine protette riescano a rispondere positivamente a tali molteplici obiettivi devono essere adeguatamente progettate a partire dalla loro zonazione e da una appropriata quantificazione delle principali variabili ambientali e antropiche presenti.[16]

Le forme di governo e di pianificazione delle Aree marine protette divengono così lo strumento più importante per le scelte progettuali da effettuare, purché siano rivolte al raggiungimento dei livelli migliori di efficienza ed efficacia.

---

[16] Cfr. TUNESI Leonardo e DIVIACCO Giovanni (1993), *Environmental and socio-economic criteria for establishment of marine coastal parks*, International Journal of Environmental Studies, n.43 -Issue 4- august 1993, London (Uk). Pagg.253-259.

La tutela e conservazione di ambienti, paesaggi, biodiversità e cultura di un'area a terra ha un senso anche in un ristretto ambito territoriale chiaramente delimitato.[17]

Quello marino, invece, è un ambiente aperto per definizione. L'effetto della presenza dell'uomo è spesso il risultato di attività svolte altrove: scarichi provenienti dalla terraferma, disturbi provocati dalle attività lungo la costa, inquinamenti lasciati dalle imbarcazioni in transito, reti da pesca calate dalla superficie, etc. Il mare è una massa liquida in continuo movimento e trasporta con se suolo, materiali, forme di vita e fauna ittica. Il patrimonio di biodiversità tutelato all'interno del perimetro di un'Area marina protetta presenta caratteristiche di estrema mobilità e i fondali, così come le specie che vi abitano, sono in continua e repentina trasformazione. Le coste sono strisce di ecosistemi con una propria fisionomia ecologica, anch'esse in continua trasformazione, sia per fenomeni naturali che per interventi antropici, insostituibili per il mantenimento degli equilibri biologici e talmente complesse nel loro assetto eco-sistemico che da tempo si pensa a modelli specifici per formulare le più opportune forme di pianificazione (Franchini, 1998).

La caratteristica dei cambiamenti continui del contesto ambientale delle Aree marine protette, unita alla cronica carenza di dati e informazioni cartograficamente referenziate,[18] in termini tecnici "georeferenziate", sono un

---

[17] Si è ben coscienti di quanto evidenziato da molti studi in merito ai limiti che una tale situazione presenta anche a terra in particolare nel lungo periodo ma in un tale contesto di paragone tra gli ecosistemi marini e quelli terrestri in cui le differenze di connessione tra sistemi ecologici assumono ben differenti livelli di grandezza si è preferito non approfondire oltre. Si rimanda per approfondimenti alla ricca bibliografia disponibile (da Romano, 1996 a Tallone, 2007).

[18] I dati disponibili per le aree marine sono raramente restituiti in forma cartografica a causa della evidente difficoltà a graficizzare un ambiente estremamente complesso da rilevare e disegnare. Ciò sia per quel che riguarda i fondali ma anche e

ostacolo di non poco conto nel processo di pianificazione. Si tratta di problematiche che sulla terra ferma possono paragonarsi solo alla complessità della pianificazione delle pendici dei vulcani attivi, in continua trasformazione e rapida evoluzione anche da un punto di vista orografico, anch'esse, tra l'altro, sempre rientranti in contesti di protezione particolari.[19] Questa variabilità di base, che amplifica gli effetti dei cambiamenti ecologici che vi si sviluppano, ha portato ad adottare importanti sistemi informatici di gestione dati, sia cartografici che alfanumerici.

All'interno dell'Istituto Centrale delle Ricerche Applicate al Mare[20] sono stati sviluppati, negli anni, vari modelli di lavoro che rientrano nella logica dei *Decison Suppot Systems* (DSS) che, utilizzando i sistemi analitici multi-criterio (MCA) combinati con quelli informatici su base geografica (GIS), potrebbero costituire un valido supporto agli organi di gestione delle Aree marine protette.

È opportuno fare un approfondimento su questo sistema che, a livello nazionale, sembra essere quello che più ha catalizzato l'interesse degli organismi di gestione delle Aree Marine Protette.

I GIS, *Geographical Information Systems*, consentono di acquisire, processare, analizzare, immagazzinare e restituire, in forma grafica e alfanumerica, dati di diversa natura riferiti a un territorio. Sono strumenti

---

soprattutto per ciò che riguarda la terza dimensione, il contenuto cioè della colonna d'acqua soprastante. Cfr. TUNESI Leonardo, PICCIONE Maria Elena e AGNESI Sabrina (2002), *Progetto pilota di cartografia bionomica dell'ambiente marino costiero della Liguria*, Quaderni ICRAM n.2, Roma.

[19] Cfr. CAFFO Salvatore et al. (2005), *Il Sistema Informatico Territoriale del Parco dell'Etna, tra gestione del territorio e controllo della qualità ambientale*, lavoro presentato alla IX Conferenza Nazionale ASITA, 15-18 Novembre 2005, Catania.

[20] Ex-ICRAM oggi accorpato con l'INFS- *Istituto Nazionale Fauna Selvatica* e l'APAT- *Agenzia Protezione Ambientale e servizi Tecnici*, nell'ISPRA- *Istituto Superiore per la Protezione e la Ricerca Ambientale*.

multidisciplinari integrati, in grado di elaborare dati spaziali, di trasformare gli stessi in informazioni, di relazionare differenti forme di dati, di analizzare e di modellare i fenomeni che si susseguono nello spazio e nel tempo e, pertanto, sono in grado di fornire supporto alle decisioni. Un GIS si basa sul fatto che non solo può studiare il "cosa" (ad es. lista specie, dati statistici ecc.) ma anche il "dove" ciascuna variabile si distribuisce all'interno dell'area di studio. A differenza della cartografia classica, quindi, che si limita alla riproduzione su carta di un solo livello di informazioni, il GIS contiene una serie di dati correlabili tra loro in ogni specifico punto che possono entrare a far parte di procedure decisionali sia di pianificazione che di gestione (Di Nora & Agnesi, 2009).

Un DSS in grado di utilizzare il GIS fornisce uno strumento che facilita enormemente la comprensione delle complesse relazioni spaziali tra le variabili e può supportare un processo decisionale partecipato. Non si sostituisce al decisore; non viene concepito per evitare il processo partecipativo ma, piuttosto, per disporre di una sintesi comune che permetta di visionare e interrogare le basi di dati e informazioni utilizzate nel processo decisionale. Nel momento in cui viene ipotizzata una soluzione a una qualsiasi problematica, il sistema può essere interrogato su quanto una determinata variabile è influenzata dall'opzione scelta (ad es. la percentuale di aree di pesca sottoposte a restrizione). Il decisore, o qualsiasi altro utente, ha la possibilità di interrogare il sistema per "vedere" cosa sarà protetto e quali attività saranno influenzate applicando una specifica proposta di zonazione.

Il DSS, inoltre, una volta creato, costituisce un importante riferimento conoscitivo per la successiva gestione dell'Area marina protetta e si sposa egregiamente con un tipo di approccio che negli ultimi anni si è andato affermando a livello mondiale, noto con il nome di "*Adaptive management*", che prevede un monitoraggio integrato nella conduzione annuale delle attività affinché si operi, come dice il nome, una "gestione adattativa" dell'area protetta (Tunesi, 2009). Gli interventi o le azioni di gestione sono cioè misurate e valutate prima e dopo la loro attuazione e i risultati sono utilizzati per affinare le azioni gestionali successive.[21]

Un processo sistematico, questo, orientato al miglioramento continuo delle politiche e delle azioni di gestione, attraverso la capacità di apprendere dalla valutazione dei risultati ottenuti. La valutazione diviene allora un momento chiave di un percorso circolare e virtuoso capace di auto-apprendere dai propri errori e successi.

In questo contesto il metodo di valutazione dell'efficacia dell'operato del gestore diviene elemento essenziale nel processo di apprendimento continuo. Gli strumenti a disposizione dei gestori di aree protette per effettuare tale valutazione è fortemente variegata e funzionale, talvolta alla tipologia di risorsa naturale ed ecosistema, talaltra all'area geografica. Tuttavia il criterio che dovrebbe orientare la scelta migliore, tra gli strumenti disponibili, è la funzionalità rispetto all'obiettivo della valutazione. Poiché le attività di conservazione si inseriscono in contesti complessi, diventa imprescindibile rendere conto e valutare non solo le attività di conservazione, ma anche monitorare e incorporare nella valutazione le variabili sociali, economiche, politiche e culturali.

È stato attentamente studiato il modo in cui le varie modalità di valutazione dell'efficacia di gestione possono essere applicate alle Aree marine protette italiane e, anche attraverso sperimentazioni pratiche,[22] si è

---

[21] Cfr. AA.VV.(2007), *Progetto integrato Aree marine protette*, MATTM- Marevivo, Roma. Pag.51.

[22] Ci si riferisce in particolare al lavoro di traduzione, adattamento e applicazione svolta su 5 Aree marine protette italiane, effettuato dall'Area marina protetta di Miramare con Federparchi e WWF Italia su finanziamento del Ministero dell'Ambiente, del manuale IUCN per la valutazione dell'efficacia di gestione delle Aree marine protette. Cfr. POMEROY R.S., PARKS J.E., WATSON L.M. (2006),

potuto constatare l'importanza di avere strumenti di pianificazione e gestione delle Aree marine protette snelli e dinamici (Franzosini, 2009).

Si parla di gestione adattativa (*adaptive management*) come del "fine ultimo" della gestione delle aree protette, mentre di valutazione dell'efficacia gestionale (*management effectiveness*) come del "mezzo" per realizzarla (Hockings et al., 2006).

4.2. Integrated Coastal Zone Management

La procedura ICZM, acronimo di *Integrated Coastal Zone Management* è una forma di pianificazione e gestione integrata della costa previsto in uno specifico Protocollo firmato il 21 gennaio 2008 a Madrid ed entrato a far parte delle azioni previste dalla "Convenzione di Barcellona". Il Protocollo è stato firmato, al 2010, da 14 Stati, tra cui l'Italia, a cui si è aggiunta l'Unione Europea, rispetto ai 22 membri della Convenzione di Barcellona.[23] Il Protocollo è entrato in vigore il 24 Marzo 2011 alla ratifica del sesto paese tra le 15 parti contraenti. Da quel momento, si è entrati nella sua fase attuativa divenendo il primo documento a valenza normativa su scala mediterranea.

Si tratta di attuare un approccio strategico per la gestione delle aree costiere coinvolgendo nei processi di decisione tutti i soggetti pubblici che abbiano una qualche responsabilità di pianificazione, programmazione e gestione degli ecosistemi.

L'Italia ha incontrato qualche difficoltà per avviare azioni concrete in questo campo nonostante alcune iniziative di area vasta, tra cui è da citare la principale, quella denominata CIP-*Coste Italiane Protette*, siano state promosse da più parti dalla fine degli anni '90 (Moschini, 2006).

How is your MPA doing?, IUCN, Gland- Switzerland, Cambridge- UK. La pubblicazione italiana che riporta l'esperienza applicativa e la traduzione di questa guida è ciatat in bibliografia: MATTM (2007).

[23] Fonte: www.pap-thecoastcentre.org (30.09.2009).

Passi nella giusta direzione sono stati mossi con la partecipazione dell'Italia come partner in azioni promosse da altri Paesi, come accaduto nel progetto "*CoastView*" sviluppato insieme a 12 paesi europei tra il 1998 e il 2002,[24] e oggi l'attività si sta lentamente consolidando attraverso ulteriori specifici progetti. Meritano una citazione sia il fatto che l'Italia ha posto l'ICZM come uno dei più importanti punti di discussione del "G8 Ambiente", tenutosi a Siracusa nell'aprile del 2009,[25] sia anche la raggiunta intesa, tra alcune regioni costiere e il Ministero dell'Ambiente e della Tutela del Territorio e del Mare (MATTM), su un memorandum rivolto all'iniziativa italiana del progetto per la gestione integrata delle zone costiere denominato "*CAMP Italia*";[26] progetto questo, ancora in corso sotto il coordinamento degli uffici UNEP del *Coastal Management Centre* di Split-Croazia (Naviglio, 2009).

---

[24] Cfr. NAVIGLIO Lucia, *Strumenti volontari per una più efficace gestione integrata delle aree costiere e delle relazioni terra-mare*, XVIII Rassegna del Mare Italia-Tunisia-Malta, MareAmico-MATTM, 9-12 novembre 2007. Intervento tenutosi a Malta il 12 novembre 2007. www.mareamico.it (10.12.2009).

[25] Cfr. MATTM, *Linee guida per la sessione III: "Biodiversità, una differente prospettiva*, Siracusa, Environment Minister Meeting, 23 aprile 2009. www.ansa.it (01.04.2009).

[26] Il Programma di Gestione delle Aree Costiere (CAMP - *Coastal Area Management Programme*) si inserisce nelle attività intraprese dalle Parti Contraenti la Convenzione di Barcellona. Il CAMP è orientato all'implementazione di progetti di gestione costiera sviluppati in aree pilota situate nel Mediterraneo. Per l'Italia è stata prevista una prima fase di studio delle caratteristiche del territorio, operato su scala nazionale per l'individuazione di un gruppo rappresentativo delle regioni costiere italiane, ed una successiva fase di confronto e consultazione con i rappresentanti delle regioni selezionate per l'individuazione delle aree specifiche. Ad oggi risulta che siano state individuate cinque aree potenzialmente idonee per il progetto, localizzate nelle regioni Emilia-Romagna, Lazio, Liguria, Sardegna e Toscana. Fonte: www.minambiente.it (02.01.2010).

Nel 2008 l'Unione Europea ha assunto uno dei più importanti provvedimenti in tema di mare e coste della propria pur breve storia: la decisione del Consiglio concernente la firma, a nome della Comunità Europea, del Protocollo ICZM sulla gestione integrata delle zone costiere del Mediterraneo.[27]

L'ICZM, Gestione Integrata delle Zone Costiere parte dalla constatazione che le zone costiere soffrono di tutto ciò che succede, a monte, nell'intero bacino imbrifero che le sottende, ma anche di ciò che avviene nel mare.

Le coste del Mediterraneo hanno un perimetro di circa 46.000 km e sono come una cerniera che collega due ambiti territoriali strettamente connessi. I fondali marini possono essere considerati la prosecuzione dei rilievi terrestri o, viceversa, le terre emerse possono essere considerate sollevamenti dei fondali marini. L'erosione della terraferma, anche semplicemente per fenomeni naturali, porta in mare sedimenti che, con tutti i relativi nutrienti o gli inquinanti, condizionano la qualità dell'ambiente marino e la possibilità di pesca. E gli "uomini del mare" non vivono solo di pesca, ma abitano sulla terraferma, sono legati anche alle attività agricole, all'espansione urbanistica, al turismo, alle industrie.

La produttività e la fruibilità del mare dipendono da come sono gestiti i rapporti tra le pressioni antropiche e la qualità della "risorsa mare", ma dipendono anche dalla gestione di quanto avviene a terra. In più, le coste, essendo ambienti di transizione, hanno caratteristiche proprie e peculiari che ospitano contemporaneamente una altissima biodiversità naturale e gran parte della popolazione umana. Sono al tempo stesso

---

[27] Decisione del Consiglio dell'Unione Europea del 4 dicembre 2008 (2009/89/CE) concernente *la firma da parte della Comunità Europea del protocollo sulla Gestione integrata delle zone costiere del Mediterraneo*, pubblicata in Gazzetta Ufficiale dell'Unione Europea del 4 febbraio 2009 (L34/17).

ambienti fragili e vulnerabili, ma sede di ampi interessi economici legati agli insediamenti urbani, alla creazione di porti che facilitino i trasporti, a zone industriali e insediamenti turistici. Purtroppo, alcune destinazioni d'uso sono incompatibili con altre e alla realizzazione di iniziative bisognerebbe anteporre la definizione di strategie a lungo termine, condivise tra tutti i soggetti pubblici e privati, a cui fare riferimento nella gestione corrente (Naviglio, 2009).

Tutti gli interventi finalizzati alla protezione dell'ambiente marino, insomma, dovrebbero essere inseriti in un insieme di azioni opportunamente mirate alla gestione razionale e integrata di un'area ben più vasta della singola Area marina protetta. Problematica, questa che a oggi non viene ancora affrontata con la giusta decisione, nonostante ormai da tempo se ne conoscano tutte le caratteristiche (Diviacco, 1999).

Esistono delle indicazioni metodologiche proposte per attuare l'ICZM, ma non delle vere e proprie procedure. Come per l'Agenda 21 locale, le azioni da fare sono state individuate piuttosto attraverso i risultati delle varie sperimentazioni che si sono succedute. Con l'approccio secondo i principi dell'ICZM, tramite il coinvolgimento di tutti i soggetti pubblici responsabili della gestione del territorio, si dovrebbe pervenire a una gestione corretta delle spiagge e dell'erosione costiera, alla prevenzione degli effetti e dei cambiamenti climatici globali e alla gestione dei rischi connessi con l'innalzamento del livello del mare, alla eliminazione delle fonti di inquinamento, a una gestione sostenibile delle risorse terrestri (nell'ambito dell'agricoltura, del turismo ecc.) e delle risorse ittiche.

I passaggi per ottenere i risultati passano attraverso una analisi della situazione esistente dal punto di vista ambientale, sociale, economica, culturale e istituzionale, all'individuazione delle criticità e alla valutazione delle priorità, alla condivisione di obiettivi strategici e di piani di azione nonché alla pianificazione del monitoraggio con uso di indicatori. Si tratta degli stessi passaggi che caratterizzano anche gli altri strumenti volontari per la sostenibilità (Naviglio, 2009).

5. Programmi, bilanci e partecipazione

Quando si parla di interventi in un'area protetta ci si riferisce in genere a quelle attività che nascono insieme all'istituzione della stessa area protetta e che sono gestite e promosse dallo stesso organismo di gestione. Si parla cioè di interventi di miglioramento delle condizioni ambientali e interventi di mitigazione di elementi detrattori della naturalità dei luoghi, di ricerca scientifica, acquisizione e divulgazione dei risultati, informazione per i diversi livelli di pubblico, visite guidate lungo itinerari naturalistici terrestri e marini, etc.

Da questo sommario elenco già si individuano tre tipologie di interventi diverse e strettamente collegate tra loro:

- la prima è l'infrastrutturazione del territorio con il miglioramento dei luoghi e l'eliminazione dei fattori di disturbo;
- la seconda è l'attività di studio e ricerca, mantenuta costante nel tempo e sempre in evoluzione per i risultati acquisiti, utile per avere le informazioni necessarie alla programmazione delle attività;
- la terza tipologia è rappresentata dagli interventi volti allo sviluppo turistico e all'educazione ambientale.

La prima tipologia di intervento non si vuole in questa sede approfondire perché se non integrata con la realizzazione di opere funzionali alla ricerca o allo sviluppo turistico non hanno alcun bisogno di una specifica progettazione e generalmente le infrastrutture, se non in casi particolari, non sono oggetto degli interventi promossi dagli organismi di gestione delle aree protette. Si tratta spesso solo di operare la demolizione dei manufatti inutili e ingombranti e togliere tutti quei detrattori ambientali presenti spesso nelle aree marginali del territorio antropizzato e, infine, di effettuare anche la rimozione graduale di tutti quegli elementi di arredo o servizio urbano che in un'area protetta non hanno motivo di esistere.

Diverso invece il discorso per le altre due forme di intervento che si integrano necessariamente tra loro.

La ricerca svolge un ruolo strategico anche a supporto della gestione della fruizione delle AMP. Esperienze specifiche in tal senso condotte dall'ICRAM, hanno dimostrato la particolare importanza della ricerca a supporto della gestione di nautica da diporto (Agnesi *et al.*, 2006), pesca artigianale (Tunesi *et al.*, 2004) e subacquea (Di Nora *et al.*, 2007; Tunesi *et al.*, 2007). Nello specifico, lo studio della subacquea condotto nelle acque dell'AMP Portofino ha consentito all'Ente gestore di disporre di elementi particolarmente utili; infatti la subacquea costituisce un'attività che, se opportunamente gestita, concorre al raggiungimento degli obiettivi istitutivi delle AMP perché è un'attività turistica sostenibile che permette ai visitatori di vedere direttamente gli effetti della protezione e che consente l'allungamento della stagione turistica.

Le AMP sono pienamente in grado di rispondere alle due funzioni primarie per le quali sono istituite: conservare la biodiversità dell'ecosistema marino e promuovere l'uso del "bene natura", in modo coerente con la conservazione dell'ecosistema, permettendo la concretizzazione di esperienze di sviluppo sostenibile. A questo proposito la ricerca svolge il ruolo di elemento catalizzatore in grado di avviare un circuito positivo che, partendo da una gestione corretta dell'ambiente e delle attività eco-compatibili, consente una crescita del "valore" dell'area, sia ambientale che turistico-culturale, in grado di favorire il consolidarsi di un'economia florida, legata alla gestione "conservativa" delle risorse (Tunesi, 2009).

Per ciò che concerne, infine, l'aspetto turistico e l'educazione ambientale, un'area protetta può offrire diverse forme di attività di tipo ricreazionale o di tipo didattico in modo che quelle del primo tipo acquisiscano una connotazione educativa attraverso l'utilizzazione appositamente studiata dei risultati della ricerca scientifica. Un visitatore dovrebbe poter concludere la visita a un'area protetta sapendone di più di quando vi è entrato, e avendo acquisito informazioni volte a un proprio accrescimento culturale; tutto ciò avendo appreso con divertimento, senza essersene neanche accorto.

È opportuno, comunque, distinguere le attività a scopo strettamente *turistico-ricreativo* da quelle *didattico-educ*ative, in quanto programmate per utenze diverse.

I programmi turistico-ricreativi sono rivolti a coloro che vogliono usufruire dell'area protetta senza particolari impegni o esigenze. Il proposito di queste attività non deve essere quello di concentrare turisti in luoghi che sono già affollati, ma incoraggiare e promuovere un turismo a scopo culturale.

I programmi didattico-educativi tendono, invece, a far comprendere il significato della conservazione della natura, stimolando il rispetto per essa. In questo caso l'*interpreting* e l'educazione ambientale divengono efficaci solo se riescono ad attrarre contemporaneamente le attività cognitive, in modo che i visitatori, giovani o meno giovani, acquisiscano conoscenze e capiscano nuovi concetti, nonché emotive, con l'adozione di valori e comportamenti nuovi.

In molte aree protette si è creato uno specifico servizio didattico-pedagogico che fornisce vari moduli educativi con lezioni, laboratori e visite ormai sperimentate, organizzati per diverse durate di permanenza, dalla mezza giornata alle settimane di studio. In tal modo le scolaresche hanno la possibilità di visitare musei e centri visite e di usufruire di sentieri-natura, laboratori, aree didattiche, acquari, imbarcazioni scuola, etc., sempre e comunque con l'assistenza di personale specializzato.

5.1. La partecipazione e il coinvolgimento

Affinché un'area protetta abbia accettabili probabilità di costituire un valido strumento di pianificazione sotto i due aspetti congiunti della conservazione naturale e dello sviluppo umano, occorre che essa sia fondata sul consenso e sulla più completa disponibilità popolare. Occorre, cioè, che le iniziative che la caratterizzano e la sostengono, siano esse di natura economica, sociale, amministrativa o culturale, abbiano una matrice comune il più possibile endogena. Per questo, molti di quei sistemi ritenuti fra i più validi nella pianificazione del territorio ricorrono a una consultazione popolare come strumento base per i parametri di valutazione delle analisi svolte. Il coinvolgimento delle popolazioni del luogo è inevitabile per non rischiare di mancare completamente l'obiettivo a cui il piano era mirato, e per non sollevare movimenti contrari allo stesso organo di gestione dell'area protetta.

Un'Area protetta marina come tutte le aree protette si regge sul consenso della popolazione locale oltre che su un corretto funzionamento di tutte le sue parti gestionali.

Le due cose sono strettamente connesse tra loro perché solo con l'impegno del soggetto gestore e degli Enti locali con programmi di incentivazione ed educazione dei cittadini si riesce a creare una cultura legata ai principi di protezione e conservazione del proprio patrimonio.

Di programmi da attuare, che qui di seguito si illustrano nelle loro linee generali, ne esistono in numero indefinito. Tutto ciò che può contribuire a migliorare la comprensione del bene natura, della risorsa territorio, nella loro importanza globale, è una attività che può rientrare in quello che qui viene chiamato Programma.

Esistono forme di partecipazione della collettività alla progettazione e realizzazione di tali iniziative, possono essere pensati sistemi di incentivo per stimolare la crescita dello spirito di iniziativa, vanno individuate forme di cofinanziamento ai più alti livelli attraverso programmi di interesse comunitario, va attuato un serio programma di educazione ambientale per i giovani e per gli adulti e vanno messe in campo iniziative e sviluppate manifestazioni volte non solo al divertimento ma anche e soprattutto alla trasmissione del messaggio culturale qui esaminato.

La partecipazione degli abitanti, sia progettuale che gestionale, all'attività dell'AMP è un punto caratterizzante di questo tipo di iniziativa. Il rapporto area protetta-comunità locale assume una rilevanza del tutto particolare e rimane, dopo oltre cento anni di dibattito intorno al tema delle aree protette, uno dei punti più controversi e difficili nella discussione e nella pratica di gestione di tali aree.

La comunità, o meglio la società locale, è un soggetto complesso articolato al suo interno in attori che manifestano una certa relativa indipendenza e seguono proprie logiche di comportamento. Perciò nella vita di un'area protetta la partecipazione va considerata con specifico riferimento a determinati ruoli, che non possono essere gli stessi per tutti gli attori.

Oltre ai promotori dell'area protetta e agli abitanti presenti sul posto, naturalmente partecipi all'iniziativa, esistono almeno altri tre soggetti importanti: l'*amministrazione locale* più direttamente coinvolta nella gestione della stessa AMP, le *altre amministrazioni*, con le quali si hanno rapporti ogni qualvolta si affronta un progetto di complessità anche minima, e le *associazioni locali e non* già esistenti.

Per una corretta gestione dell'area e per la realizzazione degli interventi va prestata attenzione al coinvolgimento dei residenti sia nelle fasi preliminari che nella definizione minuta del programma. Ciò garantisce una corretta valutazione delle forze economiche disponibili, delle competenze utilizzabili in direzione di uno sviluppo sostenibile e della gestione degli investimenti da realizzare, dello sforzo formativo necessario, delle eventuali opposizioni al progetto.

Per rafforzare il senso di identità locale e al fine di utilizzare l'area protetta come motore delle attività culturali dei residenti e delle associazioni del luogo, bisogna eseguire la ricerca dei temi e dei contenuti con il coinvolgimento della popolazione. In questo si esplica la prima fondamentale attività didattica: l'ascolto, in cui il soggetto gestore dell'AMP sollecita la volontà dei cittadini e degli operatori locali per comprendere fino in fondo, cosa molto più facile a dirsi che a farsi, le necessità, la volontà e le aspirazioni di tutti.

Una successiva fase didattica consiste nel confronto e nella verifica. Le testimonianze raccolte vengono cioè esaminate da esperti di materie specifiche (il sociologo, il geologo, il naturalista, lo storico, l'antropologo) e sono poste in rapporto con l'ambiente locale e con la realtà esterna. La definizione di una forma di gestione dell'area protetta, intesa sempre nella sua accezione ampia e non solo come semplice riserva naturale integrale, non risulta quindi da una definizione "a priori" dei contenuti affidati a esponenti del sapere scientifico. È al contrario il luogo della discussione dei temi più sentiti in questo contesto umano e naturale, lo spazio in cui la visione soggettiva ed emotiva di singoli viene inquadrata (cercando di non deformarla o indirizzarla) in un panorama più ampio per consentire una visione critica e un'occasione di partecipazione a quanti visitano l'area protetta.

Per invogliare alla partecipazione i cittadini, gli operatori, le associazioni e la comunità tutta la forma più antica e più semplice è quella di creare sistemi di incentivazione economica utili a stimolare l'inventiva dei singoli.

Un programma di incentivi deve ovviamente contenere la procedura corretta e trasparente che le normative vigenti sull'utilizzo di risorse economiche pubbliche richiedono. I Regolamenti per l'assegnazione delle risorse o per la concessione di determinati vantaggi devono seguire la necessaria procedura di approvazione dagli organi deliberanti e le previste forme di pubblicità.

All'interno di ciò, comunque, l'attività di incentivo al privato va misurato in una analisi preliminare che consenta alla pubblica amministrazione di valutare il *quantum*, la forma e la quantità dell'azione pubblica.

Troppo spesso in passato forme di incentivo molto favorevoli per il privato hanno innescato quella corsa al finanziamento da parte di tutti che non garantiva sulla validità e sostenibilità dell'iniziativa.

Le attività da sottoporre a incentivo potrebbero essere tante. Il solo strumento della *premialità ambientale* scelto dallo stesso legislatore all'interno dei regolamenti ufficiali delle più recenti Aree Marine Protette, non è altro che una forma di incentivo che si esplica, invece che con l'elargizione di finanziamenti dal pubblico al privato, attraverso la concessione di deroghe controllate in cambio di opere di compensazione.

Più tradizionali sarebbero invece programmi di incentivo economico dal 30 al 70% della spesa complessiva per il miglioramento di infrastrutture o di attrezzature. Si pensa alla ristrutturazione qualitativa degli immobili, alla "solarizzazione" degli impianti, alla trasformazione delle imprese inquinanti, alla sostituzione dei propulsori a benzina con forme ecocompatibili, elettriche, a vela, a idrogeno, e tante altre forme di supporto all'attività imprenditoriale e associativa presente in un'area protetta.

Di fatto i programmi di incentivazione sono il miglior sistema per aiutare chi non ha interesse culturale verso la tutela dell'ambiente a muoversi comunque verso una attività più sostenibile, per quanto i limiti dello strumento rimangono tutti laddove non hanno efficacia sulla reale volontà degli stessi soggetti che ne beneficiano.

PARTE II: LA REALTÀ DELLA REGIONE ADRIATICA

1. La regione Adriatica e la cooperazione

Già negli anni '70 si pensava all'Adriatico in chiave europea e veniva già indicato come «probabilmente la più unificata di tutte le regioni del Mediterraneo» (*Braudel*, 1972).

Questa unità è attribuibile principalmente alle caratteristiche geografiche del bacino, data la ristrettezza del canale meridionale di accesso, che conta soli 72Km di larghezza.

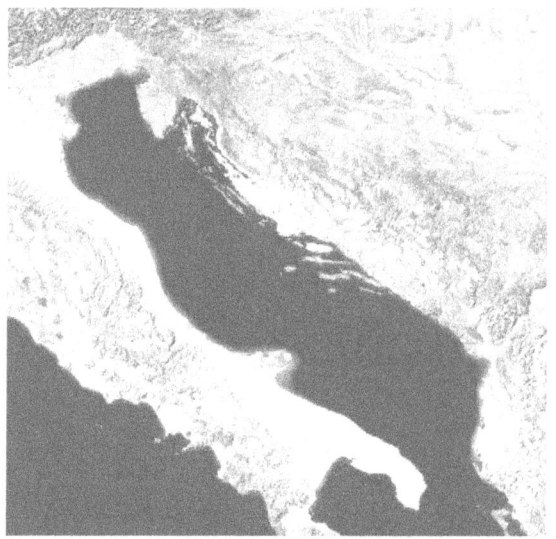

Fig.1.a   Mare Adriatico, veduta da satellite (Fonte: www.heart.google.com)

Una chiusura che fornisce unità e controllo al bacino, caratteristica mirabilmente utilizzata dalla Repubblica di Venezia nell'intero millennio della sua esistenza.

La storia che unisce le due sponde dell'Adriatico è a tutti nota e forse una sensazione di separazione questo mare la sta fornendo più ai giorni nostri che nell'epoca in cui la Repubblica di Venezia commerciava con tutte le sponde senza alcuna difficoltà. Ancora nei primi del secolo scorso il Mare Adriatico veniva presentato in cartografie in cui i nomi di luoghi e città comparivano tutti in lingua italiana sotto l'influsso che Venezia aveva avuto sull'intero contesto adriatico, come si può vedere nella Fig.1.b.

Tuttavia quest'egemonia dell'importante repubblica marinara italiana non ha mai costituito anche una unità etnica e politica. L'egemonia veneta non è da considerarsi una condizione costante o incontestata. Fino alla fine della Seconda Guerra Mondiale l'area adriatica fu contraddistinta da un irredentismo italiano e un altrettanto forte contro-irredentismo da parte degli Slavi del sud. Anche città come Trieste, sotto dominazione asburgica dal 1382, e rivale accesa di Venezia, ebbero dei ruoli chiave nell'economia politica marittima che portava alla circolazione di beni, persone, lingue e influenze culturali attraverso l'Adriatico e contribuiva all'unificazione specialmente nella parte settentrionale.

Fig.1.b Mappa Mare Adriatico 1906 (Fonte: www.leg.it/antiqua)

L'alterazione o la frantumazione dello spazio adriatico cominciò comunque, in maniera evidente, nel XVIII secolo e andò avanti fino ai contrasti tra Italia e Jugoslavia per il controllo dell'Istria. Smembrando l'unità dell'Adriatico settentrionale, le autorità jugoslave portarono all'estremo la logica degli stati moderni territoriali, cercando di legare l'Istria a capitali distanti come Zagabria, Lubiana e Belgrado invece che alla sua capitale naturale "non ufficiale": Trieste.

Dopo tali drastiche decisioni i territori jugoslavi dell'Adriatico e le loro risorse non ebbero di fatto, mai un ruolo importante nella strategia economica jugoslava. L'orientamento economico delle autorità centrali jugoslave preferì costantemente il versante danubiano a quello adriatico. (*Ballinger*, 2009).

Più a sud l'esperimento dell'Albania comunista ha annientato ogni possibilità di rapporti trans-frontalieri, sterilizzando la frontiera adriatica con l'Italia. Ha addirittura militarizzato la costa adriatica albanese, riempiendo di bunker le spiagge per contrastare una quantomeno improbabile invasione dall'Italia.

Gli anni Novanta del secolo scorso hanno visto la dissoluzione della Jugoslavia e la caduta dell'Albania comunista, ma hanno anche svelato le miserie, le conflittualità e la povertà che i comunismi balcanici avevano celato oltre l'Adriatico. L'assedio di Dubrovnik, i traffici di droga e armi, gli attraversamenti di profughi su motoscafi e battelli fatiscenti, i contenziosi sui confini marittimi, sono tutte testimonianze della marginalizzazione politica ed economica del mare Adriatico (Gon, 2009).

Con il passare del tempo però, anche grazie agli importanti interventi di supporto da parte della comunità internazionale, con la conquista dell'indipendenza Croata, l'ingresso della Slovenia nell'Unione Europea e la formazione di realtà nuove come il Montenegro, si è aperto nuovamente il dibattito sulla propensione che il processo di sviluppo dello spazio adriatico possa essere o meno ridisegnato e rivitalizzato in un futuro contesto europeo.

L'Adriatico è stato tradizionalmente un palcoscenico per movimenti e scambi di "bassa intensità", sia tra le due coste che tra i territori confinanti sulla stessa costa. La bassa intensità di tali scambi e il loro carattere in qualche modo "fisiologico", ossia non compromettente dell'equilibrio demografico e socio-culturale, è tra le cause principali della mancata omogeneizzazione sociale, politica e culturale dello spazio adriatico, che tuttora rappresenta uno spazio di frammentazione istituzionale e, contemporaneamente, un orizzonte per molteplici riferimenti simbolici di unità territoriale sovranazionale (Cocco, 2001).

Lo spazio adriatico ha caratteristiche ambivalenti, sintetizzabili nella combinazione costante di unità e diversità sia in senso ambientale che socio-culturale. La coesistenza di un insieme di somiglianze e differenze in diversi campi fornisce una connotazione specifica a quest'area. un territorio estremamente diversificato dal punto di vista naturale, culturale e sociale, che tuttavia viene sempre più spesso evocato, in maniera retorica, come spazio di cooperazione e unificazione.

L'Adriatico rimane un territorio comune e allo stesso tempo divisibile: su di esso agiscono forme di appropriazione immaginaria capaci di recuperare un capitale di simboli e immagini comuni, ma che spesso ridistribuiscono l'appartenenza secondo tracce diverse e attraverso geografie conflittuali. Tuttavia, una condivisione di modelli istituzionali trans-adriatici non è certo impensabile: forse oggi più che mai sembra essere a portata di mano (Cocco e Minardi., 2009).

1.1. L'ecosistema adriatico

In termini ambientali, intendendo con questa parola i soli aspetti naturali, quello Adriatico è un ecosistema molto delicato. Si trova all'interno di un bacino, quello del mediterraneo che, come si è già visto, ha problemi importanti di gestione e presenta caratteristiche geografiche che ne fanno un luogo di estrema complessità.

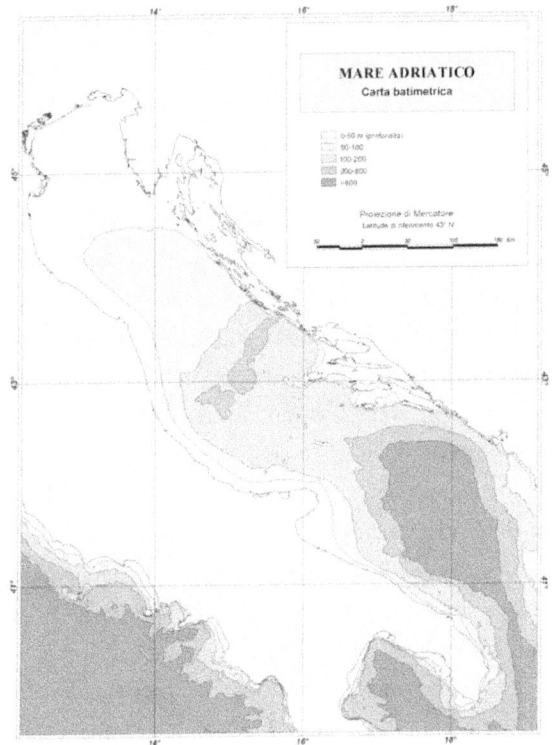

Fig.1.c Carta Batimetrica (Fonte: www.izs.it/inadriatico)

Alcuni studiosi hanno da tempo pensato alla costituzione di una sua sub-rete mediterranea nell'eco-regione adriatica.

Una suddivisione del Mediterraneo in sette eco-regioni fu proposta sperimentalmente alla fine del secolo scorso e i primi studi pubblicati riportano all'interno del Mar Mediterraneo le seguenti eco-regioni da ovest a est: Mare di *Alboran*, Mediterraneo Occidentale, Plateau tunisino/Golfo della Sirte, Mare Ionio, Mare Adriatico, Mare Egeo e Mare di Levante (Spalding et al., 2007).

L'ecoregione è una grande unità terrestre o acquatica contenente un assemblaggio distinto geograficamente di specie, comunità, e condizioni ambientali. I limiti di una ecoregione comprendono un'area al cui interno importanti processi ecologici ed evolutivi interagiscono con molta forza.

La conservazione ecoregionale è un'evoluzione nel pensiero, nella pianificazione e nell'agire con le più adatte scale spaziali e temporali per un pieno successo della conservazione della biodiversità (WWF, 2003).

L'ufficialità certa della esistenza di uno spazio geografico definibile come "Regione Adriatica" è di recente venuta con la pubblicazione della Direttiva quadro per la strategia sull'ambiente marino dell'Unione Europea.

Gli articoli 3 e 4 della direttiva così recitano:

«*Articolo 3. Definizioni*
Ai fini della presente direttiva si applicano le seguenti definizioni:
…. omissis
2) regione marina: regione di cui all'articolo 4. Le regioni e sottoregioni marine sono designate per agevolare l'attuazione della presente direttiva e sono determinate tenendo conto dei fattori idrologici, oceanografici e biogeografici;
…. omissis
9) cooperazione regionale: cooperazione e coordinamento delle attività tra gli Stati membri e, ove possibile, paesi terzi che fanno parte della stessa regione o sottoregione marina, ai fini dello sviluppo e dell'attuazione di strategie per l'ambiente marino;
Articolo 4. Regioni e sottoregioni marine
1. Gli Stati membri, nell'adempiere agli obblighi che incombono loro in virtù della presente direttiva, tengono in debita considerazione il fatto che le acque marine soggette alla loro sovranità o giurisdizione formano parte integrante delle seguenti regioni marine:
a) Mar Baltico;
b) Oceano Atlantico nordorientale;
c) Mar Mediterraneo;
d) Mar Nero. … omissis

> *Al fine di tener conto delle specificità di una zona particolare, gli Stati membri possono attuare la presente direttiva sulla base di sottodivisioni, a livello opportuno, delle acque marine di cui al paragrafo 1, a condizione che tali sottodivisioni siano definite in modo compatibile con le seguenti sottoregioni marine:*
> *... omissis*
> *b) nel Mar Mediterraneo:*
> *i) il Mar Mediterraneo occidentale;*
> *ii) il Mare Adriatico; ... omissis»* [28]

La regione Mare Adriatico è così ufficialmente riconosciuta per quello che può essere inteso un ambiente marino da salvaguardare.

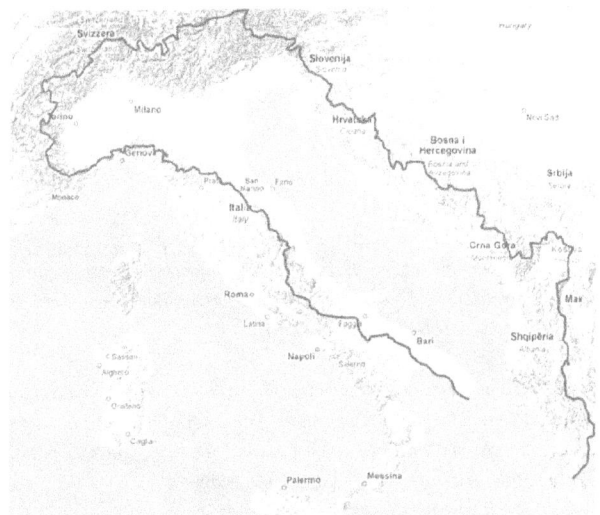

Fig.1.d Carta del bacino imbrifero Adriatico (Elaborazione da: www.googlemap.com)

---

[28] Direttiva 2008/56/CE del Parlamento Europeo e del Consiglio del 17 giugno 2008 che istituisce un quadro per l'azione comunitaria nel campo della politica per l'ambiente marino (*direttiva quadro sulla strategia per l'ambiente marino*). Gazzetta ufficiale dell'Unione Europea L 164/19 del 25.6.2008.

Ma quando si parla di ambiente marino non si può fare a meno di pensare alle acque che in mare vengono riversate dai fiumi e non si può fare a meno di considerare che alcuni tra i più estesi bacini fluviali riconosciuti in ambito europeo interessano proprio il Mar Adriatico.

Da una cartografia di identificazione dei bacini di interesse europeo, si evince che interessano l'Adriatico i seguenti bacini fluviali di interesse europeo: Fiume Po e Fiume Adige (Italia), Fiume *Neretva* (Croazia e Bosnia-Erzegovina) e Fiume *Drin* (Albania).

In questo ambito, un ipotetico perimetro della Regione Adriatica potrebbe anche essere inteso quale quello del bacino imbrifero delle acque di competenza che si viene a identificare con il confine riportato nella carta geografica alla Fig.1.d.

Il bacino dell'Adriatico presenta problematiche importanti non solo in campo ambientale ma anche sociale ed economico. In rapporto alla rilevanza di quanto in gioco si ha la sensazione che le istituzioni centrali se ne occupino troppo saltuariamente, in particolare dopo che, con un passaggio di poche righe in una legge italiana del 1993, fu soppressa l'Autorità per l'Adriatico.[29]

È stato osservato da tempo come la difesa del mare sia un interesse pubblico che deve purtroppo confrontarsi con altri potenti interessi più o meno direttamente connessi con le attività produttive e il sistema di mercato e, in questo confronto, per la gestione della situazione in Adriatico, confluiscono una serie nutrita di ministeri, organismi e interessi per i quali, raramente, la tematica ambientale assume la dovuta importanza (Di Plinio, 1994).

---

[29] La legge 24 dicembre 1993, n.537, *Interventi correttivi di finanza pubblica*, all'art.1 comma 30, recita: «L'Autorità per l'Adriatico è soppressa e le relative funzioni sono trasferite alle amministrazioni statali competenti per materia».

1.2. La situazione economica degli Stati adriatici

Gli anni Novanta e il primo decennio del duemila sembrano essere stati anni di contraddizione in cui la volontà di rendere l'Europa un'unica grande "casa" dove accogliere le esigenze di tutte le popolazioni che in esse convivono sembra apparentemente mal conciliarsi con il riemergere di particolarismi, etnicismi, nazionalismi e faide religiose. L'Adriatico sembra in questi anni la "sfida" più interessante per uno sviluppo politico, economico e sociale del nuovo millennio, rappresentando una regione storica, declinata a semi-periferia nel quadro economico mondiale in cerca di una nuova identità nel contesto internazionale, un'identità che le possa permettere di giocare un ruolo di primo piano all'interno della nascente Unione Europea, nel tentativo di portarne più a sud il baricentro (Cardinale, 2006).

Una analisi della situazione economica dei paesi adriatici non appare cosa semplice da elaborare a causa della appartenenza alla Unione Europea di soli tre paesi, Italia, Gregia e Slovenia, rispetto ai 7 interessati (o 8 se si vuole considerare anche la Serbia), che comprendono anche Albania, Bosnia-Herzegovina, Croazia e Montenegro.

Ciò crea una ovvia disomogeneità dei dati rilevati da istituti di statistica o centri di ricerca che spesso non adottano gli stessi sistemi di indagine e a volte utilizzano persino differenti forme di rilevazione. Per evitare allora di utilizzare dati che risentano di questa eterogeneità, nell'esame sommario della situazione economica dei paesi adriatici, si è preferito adottare solo parametri molto generali forniti come unitari da fonti quali la Banca Mondiale o il Fondo Monetario Internazionale, senza scendere troppo nel dettaglio per evitare di incorrere in facili errori di interpretazione nel paragonare indici che, per costruzione, hanno un contenuto informativo diverso. Le difficoltà che si rilevano nella disponibilità e nella robustezza delle basi dati esistenti, si devono sommare alla grande difficoltà di lettura del quadro economico attuale.

Fig.1.e Carta geografica politica (Elaborazione da: www.d-maps.com)

La dinamicità delle economie dei paesi della sponda orientale dell'Adriatico, dovuta anche alla presenza di stati giovani e di nuova costituzione (come il Montenegro), aumenta la complessità dei processi di internazionalizzazione. Inoltre, in termini assoluti, il contesto attuale è segnato da una crisi economica senza precedenti che ha travolto il contesto internazionale proiettandolo in una dimensione estremamente volatile e di difficile interpretazione.

Per questi motivi, nella seguente descrizione delle economie dei singoli paesi, da cui si tengono fuori l'Italia e la Grecia, vista la difficoltà nell'interpretare il contesto economico attuale, si è cercato di dare un quadro il più possibile attuale della situazione attuale basandosi su fonti prevalentemente giornalistiche. I dati raccolti provengono pertanto da elaborazioni effettuate dalla testata EcoAdriaNews di Ancona sulla base di dati aggiornati al 2010 provenienti da: Fondo Monetario Internazionale; InSTAT; ICE, Banca d'Albania; Agenzia Statistica della Bosnia Herzegovina; Istituto di Statistica Croato, Banca nazionale della Croazia, Ministero dell'Economia Ellenico; Ufficio di Statistica Sloveno.

Il quadro che si può stendere sulla base di tali informazioni è il seguente.

Albania

L'Albania è un Paese ormai istituzionalmente stabile. Ha intrapreso con risultati positivi un processo riformista interno teso ad avvicinare il suo impianto istituzionale, amministrativo e giuridico agli standard occidentali. La crescita del PIL del Paese, da circa un decennio ormai attestata a un ritmo superiore al 6% annuo, a causa della crisi internazionale ha subìto nel 2009 una contrazione, mantenendosi, successivamente, secondo le ultime stime del FMI, su livelli che si attestano intorno al 1,5%. Nell'economia reale gli effetti sfavorevoli della crisi mondiale si sono manifestati in una consistente riduzione delle rimesse degli emigranti albanesi (ridotte dal 18 al 15% del PIL nazionale), in un evidente rallentamento in quello che resta il settore trainante dell'economia, l'edilizia e in una diminuzione dell'interscambio commerciale con l'estero (le esportazioni nel mese di gennaio 2009 sono diminuite dell'11.6% rispetto all'anno precedente, mentre le importazioni, sempre a gennaio, hanno subito un calo del 10.5%).

L'Albania rimane tuttavia uno dei Paesi più poveri dell'Europa, con una percentuale ancora significativa di popolazione che vive al di sotto della soglia di povertà (18,5%), sebbene fonti ufficiali albanesi abbiano evidenziato una diminuzione dell'estrema povertà del 3% nel corso del 2008. Circa il 60% della forza lavoro è impiegato nel settore agricolo che occupa il 20,6% del PIL, a fronte di un 19,9% di manodopera impiegata nell'industria e del 59,5% nei servizi.

I progressi compiuti dall'Albania nel settore della *governance* e nella creazione di un favorevole *business climate* sono stati oggetto di apprezzamento da parte di Banca Mondiale e Fondo Monetario Internazionale. Nel 2008 è stato confermato l'alto flusso degli scambi con l'estero, caratterizzato sempre da forti importazioni e da un debole andamento delle esportazioni, il cui tasso di copertura rimane sempre basso (25,6%). Al 2012 il PIL pro capite dell'Albania si attesta a 8.000 USD.

Bosnia Herzegovina

Sotto il profilo economico, la Bosnia Erzegovina è un Paese in costante crescita dal 1995 ad oggi, impegnato nella transizione verso un'economia di mercato (mista), pienamente auto sostenibile (il sostegno internazionale è ancora significativo). I dati economici fondamentali del Paese, nonostante la crisi finanziaria ed economica mondiale e il suo impatto sull'economia bosniaca, autorizzano un cauto ottimismo.

Secondo le stime della Banca Mondiale il PIL che nel 2008 ha registrato 11,25 miliardi di euro (+6% rispetto all'anno precedente), con il PIL pro capite pari a 2.960,11 euro, nel 2009 ha avuto un ulteriore limitato aumento (+1,5%). Sono stati molti i progetti del programma comunitario IPA (Instrument of Pre-Accession) per la Bosnia Erzegovina, per il periodo 2008 - 2010, per un ammontare complessivo di 269,9 milioni di euro. La maggior parte, ovvero 254,5 milioni di euro, dovrebbero essere destinati ai progetti di sostegno alla transizione e allo sviluppo istituzionale nel Paese, con i restanti 15,5 milioni di euro verranno finanziate attività relative alla cooperazione transfrontaliera.

Con riguardo alla Banca Mondiale, il portafoglio creditizio della nuova "Strategia del Partenariato Paese 2008 – 2011" per la Bosnia-Erzegovina è stata di 200 milioni di dollari. La Strategia individua quali settori prioritari le infrastrutture, sostegno agli investimenti, la spesa pubblica e i servizi. Al 2012 il PIL pro capite della Bosnia Herzegovina si attesta a 8.300 USD.

Slovenia

Unico Paese della ex Jugoslavia già all'interno dell'UE, la Slovenia sta vivendo tutti gli effetti della crisi economica internazionale e le sue esportazioni hanno avuto un brusco calo negli ultimi anni. In aumento il numero dei disoccupati che hanno raggiunto il 7,8% nel dicembre 2008, ma il dato è in aumento. Rilevante è stato anche il calo dell'export di merci (-10,2%) e delle importazioni (-11,5%). In una situazione difficile, comunque generalizzata, la Slovenia, secondo tutte le principali agenzie di rating, è annoverata tra i Paesi più affidabili dell'Europa centrale. Ha un notevole grado di apertura al commercio internazionale e agli investimenti esteri, con una prevalenza di esportazioni in particolari nei comparti dei materiali non ferrosi, oli e carburanti, dispositivi e macchinari elettrici, metalmeccanica e componentistica, elettronica e componentistica, tessile e abbigliamento, lavorazione del legno e mobili, prodotti in gomma e plastica, autoveicoli e parti di essi.

Importa, invece, macchinari, metalli e prodotti di metallo, metalli non ferrosi, autoveicoli e parti di essi, prodotti chimici e farmaceutici, abbigliamento e tessili, prodotti informatici e apparecchiature elettriche, agroalimentare.

Nel 2008 le importazioni slovene hanno oltrepassato i 23 mila milioni di euro a fronte di poco meno di ventimila milioni di esportazioni. Germania, Italia, Austria, Croazia e Francia sono i Paesi partner con maggiore interscambio.

Proclamata dal *National Geographic* la quinta destinazione al mondo con più attrattiva per ciò che riguarda la tutela dell'ambiente, del territorio e la conservazione del patrimonio artistico e culturale, la Slovenia ha sviluppato in pochi anni il primato di oasi verde per ciò che riguarda il turismo ecosostenibile. Sul fenomeno dell'eco-turismo, in forte crescita a livello mondiale, il governo sloveno sembra voler puntare favorendo la valorizzazione delle zone rurali e la riscoperta di un territorio incontaminato che vanta una superficie ricoperta per il 60% da zone boschive, ideali per chi ama il turismo outdoor e la montagna, sempre con un occhio di riguardo al turismo responsabile e all'ecologia. Non sono da meno per qualità le aree costiere e marine che si trovano però ancora in una fase di transizione per le difficoltà incontrate nella definizione con la Croazia dei limiti delle acque territoriali. Al 2012 il PIL pro capite della Slovenia si attesta a 28.600 USD.

Croazia

La Croazia è un Paese che soffre di alcuni squilibri macroeconomici che ne minano la solidità, quali l'alta percentuale di debito estero e il saldo negativo della bilancia commerciale. In tale quadro la Banca Centrale ha avviato sin dal 2007 una politica monetaria restrittiva che ha consentito di affrontare la crisi internazionale con un sistema finanziario solido e di mantenere stabile il tasso di cambio della kuna nei confronti dell'euro. Il rating del Paese è rimasto stabile e le valutazioni delle agenzie internazionali riflettono il rischio moderato. Oltre il 90% degli scambi commerciali della Croazia con il resto del mondo è ormai regolato dai principi di libero scambio o di condizioni agevolate.

Il valore dell'interscambio commerciale cresce a ritmi molto vivaci e alla fine del 2008 ha raggiunto 30,4 miliardi EUR (+ 9,2% rispetto all'anno 2007). Le esportazioni sono state di 9,6 miliardi EUR (+6,4% rispetto al 2007), mentre le importazioni hanno superato i 20 miliardi EUR (+10,5%). Oltre la metà degli scambi commerciali si realizza con cinque Paesi, di cui tre - Italia, Germania e Slovenia - appartenenti all'UE, più Russia e Bosnia Erzegovina.

Che la Croazia fosse l'avamposto del nuovo turismo balcanico lo si era già capito, quello che stupisce è la persistenza di questo dato, portando lo Stato croato a riconfermarsi, ogni anno, come una delle mete più apprezzate. I dati confermano un andamento positivo, con una crescita media del 5% delle presenze nella Contea Istriana, del 6% nella Contea di Sibenik, del 10% nella Contea di Dubrovnik e Neretva, fino a picchi del 14% nelle Contee di Split, Dalmazia, Lika e Senji. Al 2012 il PIL pro capite della Croazia si attesta a 18.100 USD. Con il 2013 la Croazia entra a far parte dell'Unione Europea.

Montenegro

Il PIL del Montenegro, è cresciuto dell'8,6% nel 2006; del 10,7% nel 2007 e dell'8,1% nel 2008, secondo i dati dell'Ente per la Statistica (MONSTAT), restando in linea con questo ritmo negli ultimi anni e raggiungendo quota 2,5 miliardi di euro.

I parametri macroeconomici del Paese negli ultimi anni sono in generale caratterizzati da una crescita costante del PIL, da un'inflazione oscillante, dalla forte crescita dell'interscambio commerciale con l'estero, ma anche da un forte deficit nel commercio (il più grande nell'area) e da una crescita delle retribuzioni superiore a quella della produttività. L'inflazione è giunta al 7,8% nel 2009.

Le chiavi della crescita del Paese rimangono il settore del turismo e le entrate generate dagli investimenti diretti esteri (IDE), anch'essi connessi al turismo, ma anche nelle infrastrutture, finanze ed energia.

La composizione del prodotto interno lordo montenegrino è dominata dal settore dei servizi (56,2%), seguito dall'industria manifatturiera (11%), agricoltura (6,9%) e costruzioni (3,4%). Dal 2008 le esportazioni montenegrine hanno registrato un calo significativo, aggravando ulteriormente il forte deficit. Anche il settore immobiliare, uno dei motori dello sviluppo, sta registrando un forte calo, con molti investimenti previsti che sono stati posticipati o annullati. Il Montenegro ha adottato l'euro come moneta nazionale e una prudente e restrittiva politica fiscale rimane l'unica leva di controllo dei problemi macroeconomici. Il Fondo Monetario, in una recente analisi, ha previsto un rallentamento della crescita del PIL nei prossimi anni (circa il 5%), da rivedere nell'ottica della crisi finanziaria del mercato mondiale e del forte orientamento del Paese al turismo e agli IDE. Al 2012 il PIL pro capite del Montenegro si attesta a 11.700 USD.

1.3. La cooperazione transfrontaliera

In Europa a partire dal secondo dopoguerra, la percezione dei confini è mutata da linee di definizione e separazione a spazi di sviluppo e coesione. Il mutamento della percezione dei confini è andato di pari passo con il progetto di unificazione europea, ma ha travalicato gli stretti confini dell'Unione per coinvolgere diversi territori dell'Europa. In questa direzione hanno giocato fortemente l'impegno del Consiglio d'Europa[30] verso una crescente pacificazione e integrazione di tutta l'Europa e un crescente protagonismo delle autorità locali nel processo di integrazione europea (Coletti, 2009).

La Commissione Europea ha lavorato molto sul tema della cooperazione internazionale e ha introdotto il concetto di cooperazione decentrata intendendolo come una nuova forma di sviluppo impostato sui principi della sostenibilità ambientale, della partecipazione e dello sviluppo umano. La definizione della Commissione non attribuisce un'importanza particolare alle autonomie locali, che sono poste sullo stesso piano di altri soggetti, diversi dai governi centrali, che promuovono o sono vettori dello

---

[30] Il Consiglio d'Europa non va confuso con il Consiglio Europeo, la riunione regolare dei capi di Stato e di governo degli Stati membri dell'Unione Europea. Il Consiglio d'Europa, istituto il 5 maggio 1949 con il Trattato di Londra raccoglie 47 Stati interni ed esterni all'UE ed ha lo scopo di favorire la creazione di uno spazio democratico e giuridico comune organizzato nel rispetto della Convezione europea dei diritti dell'uomo e di altri testi di riferimento relativi alla tutela dell'individuo.

sviluppo partecipativo, quali organizzazioni non governative, sindacati, chiese e organizzazioni religiose.[31]

La definizione della Commissione Europea si situa all'estremo opposto della prassi adottata ad esempio dalla Francia, nazione che per la propria storia ed estensione delle proprie attività all'esterno dei confini di Stato è considerato uno dei paesi di maggiore tradizione in materia, dove la cooperazione decentrata è la cooperazione delle autonomie locali e che riguarda in modo pressoché esclusivo i soggetti istituzionali e le amministrazioni pubbliche.

La via italiana alla cooperazione decentrata, per come si è sviluppata fino ad oggi e per come è stata definita a posteriori dal Ministero degli Esteri italiano, costituisce un'ipotesi intermedia, in cui il ruolo del soggetto istituzionale all'interno di un dato territorio è considerato prevalente ma non esclusivo, per cui la cooperazione decentrata è l'azione di cooperazione allo sviluppo svolta dalle autonomie locali in rapporto di partenariato con omologhe istituzioni di altri paesi, confinanti, transfrontalieri o comunque paesi con cui si avviano processi di cooperazione.

Il valore aggiunto della cooperazione decentrata rispetto alla cooperazione governativa tradizionale e alla cooperazione non governativa può essere identificato in diverse dimensioni.

- In primo luogo, l'impegno di un'autonomia locale nella cooperazione internazionale e verso un altro territorio ha un valore politico maggiore dell'azione di una singola ONG, in quanto rappresenta idealmente l'impegno di una comunità intera a favore di un'altra comunità.
- In secondo luogo, le autonomie locali possono mobilitare tutte le risorse e le competenze dei diversi soggetti del territorio,

---

[31] Regolamento (Ce) n.1659/98 del Consiglio del 17 luglio 1998, GUCE del 30 luglio 1998, relativo alla cooperazione decentralizzata.

riempiendo di contenuti il partenariato con gli altri territori anche a fronte di risorse finanziarie limitate.

- In terzo luogo, la cooperazione decentrata comporta spesso un appoggio ai processi di decentramento e di sviluppo locale dei territori partner, che rappresenta in qualche modo un portato naturale delle attività di cooperazione anche su temi specialistici (Rotta, 2009).

Rispetto alla cooperazione decentrata che ha caratterizzato finora l'esperienza delle regioni, delle province e dei comuni italiani, di cui si dispone un ampio repertorio con esperienze più o meno positive e strutturate, il partenariato territoriale costituisce sia un modello ideale, che esplicita principi e linee guida dell'azione di cooperazione internazionale, sia un obiettivo di lungo periodo cui tendere.

L'azione di partenariato rappresenta a un tempo un'evoluzione naturale delle modalità di cooperazione decentrata fin qui praticate dalle autonomie locali italiane, una metodologia per creare rapporti più solidi con territori partner, e un punto di arrivo delle attività di cooperazione. Una migliore messa a fuoco del concetto di partenariato territoriale potrebbe avere dei vantaggi a livello pratico per l'azione delle autonomie locali, in quanto consentirebbe di individuare e sistematizzare buone pratiche nella cooperazione interregionale internazionale e di sostenere con maggiore forza e argomenti il ruolo delle regioni, delle autonomie locali e dei territori nella *governance* multilivello e nella definizione e attuazione delle politiche esterne di pre-adesione e di prossimità dell'Unione Europea (Stocchiero, 2004).

Intendiamo in questa sede con il termine "*governance*" il coinvolgimento dei soggetti esterni alle istituzioni preposte al governo del territorio nell'attuazione di politiche pubbliche e nella programmazione dell'azione di governo.

Fig.1.f Carta geografica politica: Regioni e Province
(Elaborazione da: www.d-maps.com)

L'affidamento di responsabilità politiche e di competenze amministrative, un tempo prerogativa del governo centrale, a una più ampia platea di attori semi-pubblici o privati (*governance* orizzontale), locali o sovranazionali (*governance* verticale). In una parola: il "governare senza governo". Il termine "*governance* multilivello" mette in evidenza soprattutto la dimensione verticale di tale redistribuzione di potere e la consapevolezza che qualsiasi politica, a prescindere dal livello prioritario a cui essa è formalmente attribuita, richieda necessariamente l'interazione tra una pluralità di soggetti che agiscono su livelli geografici e istituzionali distinti (Scarpelli, 2009).

I partenariati territoriali concepiscono la cooperazione fondamentalmente come supporto a processi di sviluppo, piuttosto che generatrice di sviluppo attraverso l'elaborazione e la realizzazione di progetti. Si evoca quindi il passaggio da un approccio per progetti (guidati dall'offerta, portati da esperti, a breve termine), a strategie e programmi (guidati dalla domanda, che valorizzano le risorse locali, di carattere processuale e a medio-lungo termine). Gli accordi tra i governi substatali esprimono di conseguenza dei programmi pluriennali di sviluppo comune, fondati sul confronto delle rispettive politiche che possono prevedere l'aiuto al bilancio pubblico dell'autorità locale partner così come una serie sequenziale e flessibile di azioni di cooperazione (Rhi Sausi et al., 2004).

La cooperazione decentrata italiana nasce e si sviluppa in buona parte in reazione ai conflitti della ex Jugoslavia negli anni Novanta e, in misura minore, alla difficile situazione albanese. Molti governi locali esordirono nell'arena internazionale finanziando o assistendo iniziative di organizzazioni non governative o di singoli cittadini dei propri territori, entrando, per questa via, in relazione diretta con i territori della ex Jugoslavia e con le loro autorità locali. I Balcani sono stati una sorta di palestra in cui gli attori della cooperazione decentrata italiana si sono formati, passando dai primi interventi poco coordinati, episodici e legati alla fase dell'emergenza umanitaria, a un approccio maggiormente consapevole e strutturato, sviluppando una cultura della cooperazione e della pace, dedicando risorse crescenti, umane e finanziarie, alle attività di cooperazione e tendendo al modello del partenariato (Rotta, 2009).

Lo spazio adriatico come sistema interdipendente, piuttosto che come barriera, rappresenta un'opportunità di sviluppo che trova nei partenariati territoriali una declinazione specifica e uno strumento concreto. Intervenendo sulle diverse dimensioni dello sviluppo, i partenariati tra territori possono contribuire a cambiare segno all'Adriatico, trasformandolo da linea di confine a punto di passaggio tra sistemi socio-economici a diverso livello di sviluppo, in un sistema fortemente integrato e ravvicinato. L'interesse alla cooperazione è naturalmente diversificato a seconda della collocazione geografica, politica e nazionale dei singoli territori, per cui i territori maggiormente sviluppati sono tendenzialmente più interessati alle ricadute in termini di sicurezza, i territori economicamente svantaggiati alle prospettive di sviluppo, per cui esiste una sorta di scambio potenziale tra sicurezza e sviluppo che può tuttavia far convergere l'interesse di entrambe le parti verso un rapporto di partenariato.

La gestione di beni comuni, quali il patrimonio ambientale e delle risorse ittiche, richiama evidentemente la necessità di un approccio di cooperazione tra le due sponde (Rotta, 2009).

1.4. L'Iniziativa Adriatico Ionica

Attualmente l'intervento di maggior interesse per il coordinamento delle attività nella regione adriatica lo sta portando avanti l'Iniziativa Adriatico-Ionica (IAI).

Si tratta di una iniziativa avviata con una Conferenza sullo Sviluppo e la Sicurezza nel Mare Adriatico e nello Ionio tenutasi ad Ancona il 19-20 maggio 2000, cui hanno partecipato i Capi di Governo e i Ministri degli

Esteri di sei Paesi rivieraschi (Albania, Bosnia-Erzegovina, Croazia, Grecia, Italia e Slovenia). Al termine della Conferenza, i Ministri degli Esteri, alla presenza della Commissione Europea, firmarono la "Dichiarazione di Ancona", affermando l'importanza della cooperazione regionale quale strumento di promozione della stabilità economica e politica, condizioni necessarie per il processo di integrazione europea. Ai sei membri originari si è aggiunta l'unione di Serbia-Montenegro nel 2002. In seguito alla scissione della federazione, nel 2006, entrambi gli Stati hanno mantenuto la *membership* nell'iniziativa, attualmente costituita quindi da otto Paesi.

Con l'istituzione della IAI si era voluta rafforzare la cooperazione regionale tra le due sponde adriatiche al fine di promuovere soluzioni concordate per problemi comuni, relativi soprattutto alla sicurezza e stabilità della regione ma anche alla protezione ambientale del bacino adriatico-ionico.

Dieci anni dopo, il quadro geopolitico in cui opera l'Iniziativa Adriatico Ionica è profondamente mutato. In particolare, la Slovenia è diventata membro dell'Unione Europea nel 2004, e anche gli altri Paesi IAI del versante orientale (Albania, Bosnia ed Erzegovina, Croazia, Montenegro e Serbia), pur con tempi e modalità differenti, hanno avviato un percorso di avvicinamento alle istituzioni comunitarie nel quadro del Processo di Stabilizzazione e Associazione e in vista di una definitiva integrazione nell'UE. Tuttavia, le ragioni che hanno determinato l'istituzione della IAI hanno mantenuto se non accresciuto la loro validità nel corso degli anni. A causa dell'accresciuta interdipendenza tra gli Stati insita nei processi di globalizzazione, la soluzione concertata dei problemi che riguardano la regione adriatica richiede un ulteriore livello di cooperazione, non solo tra i Paesi della regione ma anche tra iniziative regionali. La cooperazione ha pertanto assunto nuove forme, non ultima quella del partenariato tra attori locali.

L'Organo decisionale dell'Iniziativa Adriatico Ionica è il Consiglio dei Ministri degli Esteri (Consiglio Adriatico-Ionico), la cui agenda viene elaborata nel corso degli incontri periodici tra i *Senior Officials*, che si tengono tre volte l'anno. La Presidenza ruota annualmente secondo un criterio alfabetico e l'avvicendamento avviene generalmente tra i mesi di maggio e giugno. L'Italia è succeduta alla Grecia il 1° giugno 2009 e dal maggio 2010 l'incarico è stato assunto dal Montenegro.

Nel giugno 2008, grazie all'appoggio della Regione Marche, è stato inaugurato ad Ancona un Segretariato Permanente dell'Iniziativa.

La proposta regionale di istituire un Segretariato per l'Adriatico con la funzione di svolgere un'azione politica e di supporto per i rapporti multilaterali, di favorire l'utilizzo delle opportunità esistenti a livello comunitario e nazionale e di dare una sede continua certa di relazione e contatto ai soggetti pubblici e privati che operano nell'area, rappresenta, in continuità con l'Iniziativa Adriatico Ionica e con la Carta di Ancona promossa dal Ministero degli Affari Esteri, un concreto tentativo di coordinamento. È interessante sottolineare come questo coordinamento si situi "a valle" dei diversi strumenti nazionali e comunitari esistenti, e compensi parzialmente il deficit di coordinamento "a monte" degli stessi (Ianni e Toigo, 2002).

Scopo del Segretariato è quello di garantire la continuità nel passaggio tra due presidenze e di dare all'Iniziativa un taglio *"project oriented"*, operando come catalizzatore di proposte da parte dei Paesi membri.

Il Segretariato Permanente IAI ha avviato una cooperazione con i *fora* Adriatico-Ionici che già operano nella regione: il Forum delle Camere di

Commercio e quello delle Città dell'Adriatico e dello Ionio e UniAdrion, nonché di recente con la rete delle aree protette adriatiche AdriaPAN.

Nell'ambito della Presidenza italiana IAI del 2009-2010 è fortemente emerso, tra i Paesi membri, un interesse condiviso a valorizzare il bacino Adriatico-Ionico e le diverse forme di cooperazione territoriale che in esso operano attraverso una strategia integrata per sostenere il completamento della sua integrazione europea e promuoverne uno sviluppo sostenibile, riconducendo in una cornice comune la pluralità di attori e iniziative operanti nella regione. La cooperazione territoriale europea, già obiettivo della Politica di Coesione dell'Unione Europea, si è sviluppata in molteplici forme e iniziative nella regione, e questa pluralità di interventi, operati dagli Stati a livello centrale e decentrato, come pure da associazioni non governative transfrontaliere e rappresentanti della società civile dei Paesi rivieraschi, richiede un coordinamento e una sistematizzazione per meglio raggiungere gli obiettivi prefissati di sviluppo sociale, economico e politico verso la costituzione di una Macro-regione adriatico-ionica, vista in chiave Unione Europea.

Il riferimento a una entità macro-territoriale sotto il profilo geografico, comprensivo di tutte le implicazioni politiche e istituzionali, se ha ulteriormente avvalorato il processo di allargamento dell'Unione Europea, ha anche impresso una sanzione positiva a tutte le azioni di cooperazione che finora sono state intraprese nei più diversi settori da istituzioni locali, istituzioni regionali e nazionali a cui fanno capo i network di imprese, associazioni, università, aree protette e altri organismi del settore non profit riuniti nei diversi programmi trans-frontalieri messi in campo dalla Commissione Europea negli ultimi anni.

Le componenti strutturali delle relazioni tra le due sponde dell'Adriatico si stanno quindi rafforzando; di conseguenza, se la politica europea sembra aver già individuato il proprio percorso di riferimento, attraverso le iniziative di allargamento, con la conclusione delle negoziazioni per l'associazione e successivamente l'adesione a pieno titolo alla Unione Europea, anche le politiche nazionali devono rapidamente riconfigurarsi sia in termini di politiche economiche, che sociali e culturali per adottare strategie e strumenti volti a dare continuità, regolarità e quindi legittimità alle molteplici iniziative che si stanno avviando e sviluppando nei diversi settori della vita economica e sociale delle popolazioni adriatiche.

Nel momento presente si impone con sempre maggiore evidenza un obiettivo di fondo per far crescere una comune identità adriatica: preservare, promuovere e divulgare informazioni e suggerimenti riguardo all'ambiente, alle tradizioni, all'economia e alle culture della regione adriatico-ionica; quest'ultima intesa come una Regione Europea Transfrontaliera. Un territorio trans-frontaliero che deve essere progressivamente integrato nell'Unione Europea, come *Macro-Region*, che include differenti situazioni sociali e territoriali tra cui: città, porti, isole, comunità religiose e monastiche, cittadine costiere, villaggi dell'interno, montagne, laghi fiumi e aree protette (Minardi, 2009).

2. Le aree protette adriatiche

Definire un quadro delle aree protette adriatiche, non appare un'azione tanto semplice sia per la complessità della scelta da effettuare in merito all'area geografica da prendere come riferimento sia per la tipologia di area protetta che si dovrebbe andare a considerare per poter essere definita tale.

Lo scopo di questo lavoro è quello di individuare le opportunità di sviluppo che le aree protette possono creare nel contesto adriatico. In quest'ottica si è ritenuto che le aree protette da prendere in considerazione fossero quelle facenti parte dei paesi che influenzano direttamente l'area adriatica fino alle sue propaggini più settentrionali, che geograficamente possono essere considerate ioniche, che fossero però legate all'ecosistema marino direttamente, quindi: Italia, Slovenia, Croazia, Bosnia-Herzegovina, Montenegro, Albania e Grecia.

Si è scelto di considerare da un punto di vista geografico tutte le aree protette marine presenti nel Mar Adriatico e nella parte più settentrionale del Mar Ionio e inoltre tutte quelle altre aree protette in terraferma che avessero un contatto con almeno un punto della propria perimetrazione al mare o, secondo le normative dei vari paesi, a ciò che si considera il confine del demanio costiero.

Questa scelta pone la ricerca nella posizione di dover esaminare il bacino Adriatico considerando la sola parte marina e non l'intero bacino imbrifero che, come si è visto in precedenza, poteva essere una opzione possibile e, forse, anche la più corretta da seguire se si guardassero con prevalenza gli aspetti ambientali della regione. Tale scelta consente però di ridurre considerevolmente il numero delle aree protette da esaminare, presenti in mare e lungo le coste dei sette Paesi di riferimento, consentendo di rendere più omogenei i dati e le informazioni sia da un punto di vista fisico-ecologico che dall'altro punto di vista geografico-economico.

Andare a considerare, infatti, aree protette che per la propria influenza sul bacino idrografico avrebbero potuto essere inserite nel novero di quelle esaminate, avrebbe allargato i termini d'esame a un numero eccessivo di aree protette, tra cui gran parte delle aree protette dell'appennino e delle alpi al Parco del Gran Paradiso in Val d'Aosta e, inevitabilmente, modificato e falsato qualunque ragionamento di tutela o sviluppo per le aree più vicine al contesto marino adriatico.[32] La differenza

---

[32] Considerando l'ambito geografico risultante dai bacini idrografici, che da un punto di vista ecologico sarebbe un modo corretto di approcciare al tema, avrebbe portato a considerare come aree protette dell'Adriatico anche Parchi come appunto quello citato del Gran Paradiso in Val d'Aosta, ma anche tanti altri Parchi Nazionali di

notevole riscontrabile tra habitat ed ecosistemi nonché le diverse forme di sviluppo economico, sia turistico che più in generale legate al mondo dell'imprenditoria, hanno consigliato di lasciare fuori da questo studio le aree protette che non avessero un contatto diretto con l'ambiente marino-costiero.

Nel quadro, comunque numeroso, delle aree protette marine e costiere che si è così considerato si è dovuta fare una ulteriore selezione legata al fatto che molte delle aree protette marine e costiere adriatiche hanno la caratteristica di essere elementi puntuali di estremo interesse paesaggistico e naturalistico, come lo sono uno scoglio in alto mare o un albero monumentale sulla costa, che però non sono motivo per una gestione specifica affidata a un organismo, pubblico o privato che sia, volto a innescare una forma di valorizzazione e utilizzazione della risorsa anche in termini economici oltre che di tutela del bene. Sono piccole realtà, queste che si è deciso di escludere, presenti in tutti i paesi bagnati dall'Adriatico che prendono i nome di "Monumento" o "Biotopo" o "Bene individuo", etc., per i quali sono previste forme di tutela passiva attraverso l'apposizione di norme stringenti di salvaguardia, ma senza prevedere necessariamente una forma di gestione che inneschi un controllo dello sviluppo verso la sostenibilità dell'utilizzo delle risorse.

Effettuate, quindi, le scelta di base sulle aree protette da considerare si è approfondita la ricerca per avere un quadro delle aree protette marine e costiere adriatiche.

---

grande estensione come lo Stelvio, la Valgrande, il Tosco-Emiliano, le Foreste Casentinesi, i Sibillini, il Gran Sasso e Monti della Laga, il Parco d'Abruzzo Lazio Molise, fino all'Alta Murgia, aggiungendovi inoltre una infinità di Parchi regionali e Riserve naturali, che per consistenza economica rispetto alle piccole aree protette costiere e marine adriatiche, rendono un quadro completamente differente per sistemi di gestione interna oltre che per caratteri economico-sociali legati a forme di turismo completamente differenti.

La ricerca è stata effettuata partendo dai maggiori database disponibili sul panorama internazionale per avere un elenco il più possibile vasto di aree protette adriatiche. Da questo elenco si è proceduto poi a effettuare la selezione di quelle aree protette che rispondevano alle caratteristiche sopra elencate. Questa selezione si è eseguita partendo dai materiali disponibili in archivi e biblioteche, fisiche e virtuali, sia cartografici che bibliografici, e poi operando una verifica attraverso una indagine diretta a un ampio numero di portatori di interesse, selezionati opportunamente sulla base di numerose fonti di informazione.

2.1. La ricerca bibliografica e cartografica

L'utilizzo dei sistemi di ricerca informatici sulla rete web e l'attività di ricerca bibliografica ha portato a consultare varie fonti ma quella che più di altre si è potuta utilizzare per ricchezza di informazioni sia cartografiche che alfanumeriche è "Protectplanet.net".

Si tratta di un sito costruito grazie alla collaborazione tra UNEP[33] - Programma Onu per l'ambiente; IUCN[34] - Unione Internazionale per la Conservazione della Natura; CBD[35] - Convenzione per la Biodiversità e WCPA[36] - Commissione Mondiale per le Aree Protette, nell'ambito dei due progetti WDPA - *World Database on Protected Areas*, il database mondiale sulle aree protette e MPAGlobal- *Marine Protected Areas in Global*, l'applicazione su *Google Heart* del WDPA per le aree marine protette.

"Protectedplanet.net" è un portale costruito come un sito interattivo basato sui nuovi *Social Network* in linea, che fornisce informazioni

---

[33] United Nations Environment Program.
[34] International Union for Conservation of Nature.
[35] Convention on Biological Diversity.
[36] World Commission for Protected Areas.

dettagliate sulle aree del pianeta che sono oggetto di importanti iniziative di salvaguardia.

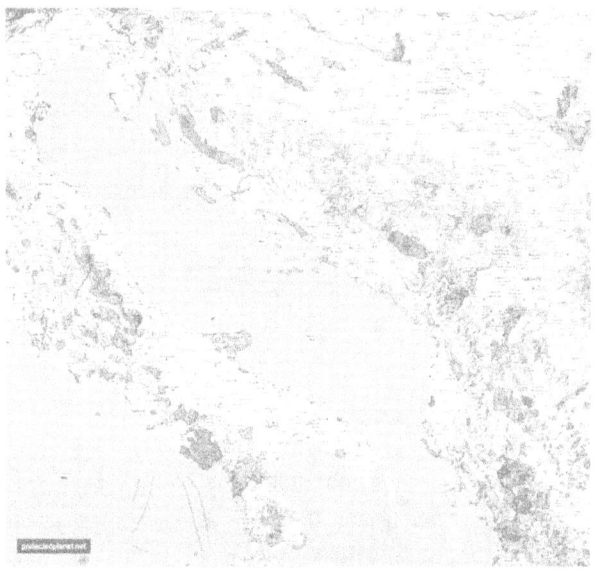

Fig.1.g Carta geografica: Le aree naturali protette nella regione adriatica (Fonte: www.protectplanet.net)

Utilizzando le ultime immagini satellitari "Protectedplanet.net" consente agli utilizzatori di identificare rapidamente le diverse zone protette, come i parchi nazionali o le riserve marine, del pianeta Si possono ottenere informazioni precise e dettagliate sulle specie minacciate, il tipo di vegetazione e le loro condizioni di vita, o ancora le risorse di quel tipo di territorio o di ecosistema.

La vera novità del sito è nel fatto che "Protectedplanet.net" offre anche ai visitatori la possibilità di divenire "autori" del Sito e di fornire informazioni sui luoghi selezionati, caricare/scaricare foto di viaggi nelle zone protette, scrivere racconti di viaggio, oppure raccomandare luoghi di interesse nelle vicinanze, da condividere successivamente attraverso i social-network come *Facebook, Twitter, Flickr* o altri.[37]

Quello di consentire una interattività dell'utente con il database consultato tale da consentirgli di immettere informazioni, è un sistema sempre più utilizzato anche nel mondo della ricerca scientifica. Inizialmente la possibilità di accedere alla modifica delle informazioni del database era consentito solo nell'ambito di siti internet rivolti al divertimento o al tempo libero ma con il passare del tempo esperienze come quella di *Wikipedia*, il sito enciclopedico con il maggior numero di stringhe informative al mondo, ha portato anche il mondo scientifico ad aprire verso l'esterno la possibilità di acquisire informazioni. Così oggi si possono incontrare siti legati a importanti entità scientifiche che per poter acquisire informazioni consentono all'utente di immettere dati sulla stringa in consultazione. Le informazioni immesse solitamente, come nel caso di *Wikipedia*, vengono prima verificate da un organismo di controllo, più che altro a evitare indicazioni al di fuori della morale pubblica e al senso del pudore e non tanto nel merito della correttezza informativa, e solo dopo immessi in rete.

Il principio che c'è alla base di una tale modalità di acquisizione delle informazioni è quello del controllo e verifica da parte della comunità. La massima accessibilità per tutte le informazioni concessa a tutti gli utenti che si collegano alla rete, consente cioè di ottenere una validazione insita nell'informazione stessa per il semplice fatto che, essendo visibile a tutti, ed essendo data la possibilità di modificarla a chiunque, se l'informazione fosse non corretta è verosimile che qualcuno la modifichi direttamente o ne chieda

---

[37] Fonte: Greenreport, *L'Onu vuole rivoluzionare l'ecoturismo nelle aree protette*, 23 ottobre 2010, Aree protette e biodiversità,
http://www.greenreport.it/_new/index.php?page=default&id=7270
(23 ottobre 2010).

la modifica. Sarà compito poi del gestore del sito verificare la veridicità dell'informazione laddove le notizie fossero contrastanti.

Introducendo questo sistema "aperto" di raccolta e verifica delle informazioni anche i *database* geografici e scientifici acquisiscono dati in gran quantità con estrema semplicità e rapidità.[38]

Oggi la presenza di più siti inerenti le informazioni geografiche e cartografiche delle aree protette, sta creando problemi di interoperabilità dei dati. Il MedPAN di cui più avanti sarà analizzata la propria storia e struttura organizzativa, sta cercando di migliorare i principali siti informativi con il progetto MAPAMED.

Al 2010 il quadro che *"Protectedplanet.net"* forniva per l'Adriatico era ancora incompleto ma iniziava ad avere una base abbastanza importante su cui lavorare. Su questa base si sono pertanto acquisite molte informazioni e verificati molti dei risultati di partenza. Le informazioni sono state poi integrate consultando altri database e verificando i risultati anche su materiali bibliografici reperibili e disponibili in formato cartaceo in biblioteche tradizionali.[39]

---

[38] Noto nel settore delle aree protette è il progetto denominato "Ornitho" che, promosso da un coordinamento di istituzioni scientifiche, ha dato in rete la possibilità di inserire informazioni inerenti l'avvistamento di specie di uccelli in base al luogo dove li si è osservati. Attraverso il proprio sito, www.ornitho.it, il gruppo di ricerca ha ampliato in maniera enorme e sempre crescente in maniera esponenziale il numero di informazioni in loro possesso grazie alla disponibilità degli appassionati di *birdwatching* di tutto il mondo.

[39] Tra le biblioteche visitate per una consultazione approfondita si riportano di seguito le principali:
- Biblioteca centrale Università degli Studi di Teramo, TERAMO-ITA.
- Biblioteca del Dipartimento di Economia e Storia del Territorio dell'Università "Gabriele D'Annunzio" di Chieti-Pescara. Viale Pindaro, PESCARA-ITA.
- Biblioteca della Federparchi- Federazione Italiana Parchi e Riserve Naturali. Via Cristoforo Colombo, ROMA-ITA.

Dall'esame di questa documentazione si è potuta selezionare, partendo da un insieme di oltre 200 aree protette registrate sui database ufficiali, un gruppo consistente di aree protette su cui effettuare ulteriori approfondimenti.

Tav.2.A
Aree naturali protette marine e costiere nella regione adriatica

Nazione	Aree Protette
Acque internazionali	1
Albania	9
Bosnia Herzegovina	1
Croazia	18
Grecia	5
Italia	41
Montenegro	8
Slovenia	4
Totale	87

Sono state censite 87 aree protette per l'Adriatico, mare e costa, per le quali si può affermare di aver potuto verificare l'esistenza di un provvedimento normativo di istituzione. L'elenco dettagliato delle aree

- Biblioteca dell'Istituto Geografico Militare. Via Cesare Battisti, FIRENZE-ITA.
- Biblioteca della Società Geografica Italiana, Villa Celimontana, ROMA-ITA.
- Centro di Documentazione Ambientale Parco Nazionale del Gran Sasso Monti della Laga, MONTORIO VOMANO (Te)-ITA.
- Biblioteche municipali di Roseto degli Abruzzi e Pineto (Te)-ITA.
- Biblioteca del CRESA-Centro di Ricerche Economiche e Studi Abruzzesi, L'AQUILA-ITA.
- Biblioteca del Centro Studi del Museo delle Genti d'Abruzzo, PESCARA-ITA.
- Biblioteca della Primorska University di Koper (Capodistria) SLOVENIA.
- Biblioteca dell'Area Marina Protetta di Miramare, TRIESTE-ITA.
- Biblioteca del Parco Regionale del Conero. SIROLO (An)-ITA.

protette individuate con il relativo anno di istituzione è riportato in Tavola 2.B.

Questo il quadro completo delle fonti:
- **IUCN 2005**: IUCN, *Marine Protected Areas in the West Mediterranean*, SUI July 2005.
- **IUCN 2008**: IUCN-MedPAN-WWF, *Status of Marine protected Areas in the Mediterranean Sea*, SUI 2010.
- **MedPAN 2010**: MedPAN Database on Mediterranean protected Areas, (www.medpan.org).
- **Parks.it 2010**: Federparchi, *L'Italia dei Parchi*, ITA 2010 (www.parks.it).
- **UNDP.GEF 2005**: UNDP/GEF "COAST" Project, *Conservation and Sustainable use of Biodiversity in the Dalmatian Coast*, Center for Coastal Resources Management – Virginia Institute of Marine Sciences, USA February 2005.
- **UNEP 2007**: UNEP, *Report of the II phase of the project "Establishing Emerald network in Montenegro"*, November 2007.
- **BirdLife International 2010**: *IBA Data Base* BirdLife International, (www.birdlife.org).
- **WDPA 2009**, *World Database Protected Areas*, IUCN-WCPA (www.wdpa.org).
- **IZS A&M 2006**, *Linee guida e gestione delle Zone di Tutela Biologica*, Istituto Zooprofilattico Sperimentale Abruzzo&Molise, 2006.
- **IRSNC**: Institute of the Republic of Slovenia for Nature Conservation - Slovenia
- **MATTM**: Ministero Ambiente Tutela Territorio e Mare - Italia
- **MIPAF**: Ministero delle Politiche e risorse Agricole- Italia
- **DZZP**: Istituto Croato per la Protezione della Natura – Croazia
- **BKCG**: Istituto di Biologia Marina di Kotor – Montenegro
- **ZRS**: Istituto della Repubblica Slovena per la Conservazione della Natura – Slovenia.

2.2. La verifica diretta con interviste

Dal quadro ottenuto di 87 aree protette marine e costiere dell'Adriatico si è avviato un lavoro di affinamento dell'elenco che ha

Tav.2.B Anno di Istituzione delle Aree Protette adriatiche

1	Area Pomo ZTB (Alto Mare)	1998
	ALBANIA	
2	Karaburun/Vlore	1968
3	Kune-Vain	1960
4	Patok-Fushe-Kuqe	1962
5	Butrinti	2005
6	Pisha e Divjakes	1966
7	Pishe Poro/Fier	1958
8	Rushkull	1955
9	Velipoja	1958
10	Narta Lagoon	2000
	BOSNIA Herzegovina	
11	Mediteranium u Neumu	1965
	CROAZIA	
12	Brijuni	1983
13	Limski zaljev	1979
14	Malostonski Zaljev	1983
15	Mljet	1960
16	Telascica	1988
17	Kornati	1980
18	Krka	1985
19	Biokovo	1981
20	Vransko Jezero	1999
21	Lastovo	2006
22	Cres-Losinj	2006
23	Velebit	1981
24	Paklenica	1949
25	Lokrum	1948
26	Prevlaka	2000
27	Dio Otoka Krka M. Luka	1969
28	Dvlije Masline O. Pagu	1963
29	Rt Kamenjak	1996
	GREECE	
30	Zakynthos	1999
31	Ammoudia-Loutsa	2001
32	Etniko Parko limnothalasson	2006
33	Vatatsa-Divari-Ormos Valtou	2003
34	Kotychi lagoons	1975
	ITALY	
35	Gargano	1991
36	Isole Tremiti	1989
37	Area Tremiti	2004
38	Miramare	1986
39	Area Miramare	2004
40	Area Tegnùe P.to Falconera	2005
41	Area Tegnùe Chioggia	2004
42	Area open Sea (Chioggia)	2002

43	Area open Sea (Ravenna)	2004
44	Paguro wreck (Ravenna)	1995
45	Area Barbare (Ancona)	2004
46	Torre del Cerrano	2009
47	Torre Guaceto	1991
48	Porto Cesareo	1997
49	Delta Po Veneto	1997
50	Delta Po Emilia Romagna	1988
51	San Bartolo	1994
52	Conero	1987
53	Foce Isonzo	1996
54	Foci Stella	1996
55	Sentina	2004
56	Borsacchio	2005
57	Calanchi di Atri	1995
58	Pineta S.Filomena	1977
59	Grotta Farfalle	2007
60	Ripari Giobbe	2007
61	Punta Acquabella	2007
62	S.Giovanni in Venere	2007
63	Lecceta Sangro	2001
64	Punta Aderci	1998
65	Marina di Vasto	2007
66	Lama Balice	1992
67	Duna Torre Canne	2002
68	Salina Punta Contessa	2002
69	Palude Bosco Rauccio	2002
70	Costa Otranto S.M.Leuca	2006
71	Litorale Ugento	2007
72	Litorale P.ta Pizzo	2006
73	Porto Selvaggio	2006
74	Le Cesine	1980
75	Saline Margherita Savoia	1977
	MONTENEGRO	
76	Kotorsko-Risanski bay	1979
77	Island Katici &Donkovom	2010
78	Plaza Pecin	2010
79	Buljarica	2010
80	Veliom Hridi &Old Ulcini	2010
81	Platamuni	2010
82	Velika Ulcinjska plaža	2010
83	Bojana River Delta	1973
	SLOVENIA	
84	Cape Madona	1990
85	Debeli Rtič	1991
86	Strunjan	1990
87	Secoveljske soline	2001

portato a individuare una ulteriore categorizzazione in cui si avesse davvero la possibilità di valutare se l'attività dell'area protetta potesse potenzialmente significare qualcosa in termini di opportunità.

Tale lavoro si è effettuato attraverso interviste puntuali attuate tramite l'invio di un questionario a un esteso gruppo di portatori di interesse che attraverso i riscontri ottenuti ha consentito di avere un quadro di 40 aree protette di cui si sono potute conoscere informazioni molto più dettagliate.

Il lavoro di indagine diretta, alla luce delle difficoltà di comunicazione tra una parte e l'altra dell'Adriatico sia di tipo fisico che culturale, in termini di lingua ma anche di interpretazione del concetto di area protetta, è stato portato avanti interamente tramite contatti via *e-mail* e solo raramente con qualche contatto personale o telefonico. È stato predisposto un questionario a risposta chiusa al fine di agevolare gli utenti nel rispondere alle domande, sotto forma di scheda di informazioni per ogni singola area protetta già censita. I quesiti riguardavano informazioni legate al riconoscimento del sito come area protetta, al suo anno di istituzione, alla categoria di appartenenza nella classificazione internazionale, alla tipologia dell'area protetta nella normativa nazionale, all'autorità di gestione, al numero degli impiegati ed esistenza o meno di un piano che sia esso solo di tutela o anche di gestione e programmazione economica del territorio protetto. I riscontri sono venuti prevalentemente da Paesi diversi dall'Italia e le informazioni fornite non sono state sufficienti a effettuare un rilevamento effettivo delle capacità gestionali non avendo risposto in molti alla domanda sull'esistenza o meno di un piano di gestione o sul numero di dipendenti impiegati. Si è potuto ottenere così un quadro generale interessante, riassunto nella Tavola 2.C, su un numero di 41 aree protette costiere e marine dell'Adriatico che presenta già un buon dettaglio di informazioni per poter avviare un ragionamento sulle attività di gestione.

Tav.2.C Aree Protette adriatiche con Autorità di gestione

Id	Site Name	National Designation	Management Authority	Marine or terrestrial	Total Area (ha)	Born	Plan
1	Area Pomo	Fishing Reserve	MIPAF-Ita	Marine	220.000,00	1998	no
2	Narta Lagoon	International Bird Area	Adriatic Center	Coastal	4.180,00	1999	no
3	Brijuni	National Park	Park Authority	Both	3.385,00	1983	yes
4	Mljet	National Park	Park Authority	Both	5.375,00	1960	yes
5	Telascica	Nature Park	Park Authority	Both	6.706,00	1988	yes
6	Kornati	National Park	Park Authority	Both	21.633,00	1980	yes
7	Krka	National Park	Park Authority	Coastal	11.100,00	1985	yes
8	Biokovo	Nature Park	Park Authority	Coastal	19.550,00	1981	no
9	Vransko Jezero	Nature Park	Park Authority	Coastal	5.700,00	1999	no
10	Lastovo	Nature Park	Park Authority	Marine	19.583,00	2006	no
11	Velebit	Nature Park	Park Authority	Coastal	200.000,00	1981	yes
12	Zakynthou	Nat. Marine Park	Park Authority	Both	10.340,00	1990	yes
13	Etniko Parko (lepanto)	National Park	Park Authority	Coastal	33.470,00	2006	no
14	Periochi erivallontikou	National Park	Park Authority	Coastal	152.269,60	2008	no
15	Gargano	National Park	Gargano Park	Coastal	118.144,00	1991	no
16	Isole Tremiti	Marine Reserve	Gargano Park	Marine	14.66,00	1989	no
17	Miramare	Marine Prot.Area	MATTM-WWF	Both	320	1986	yes
18	P.to Falconera (Càorle)	Fishing Reserve	Municipality	Marine	9.000,00	2005	no
19	Area Tegnùe Chioggia	Fishing Reserve	Municipality	Marine	16.022,49	2004	no
20	Torre del Cerrano	Marine Prot.Area	Consortium	Marine	3.700,00	2009	no
21	Torre Guaceto	Marine Prot.Area	Consortium	Both	3.327,00	1991	yes
22	Porto Cesareo	Marine Prot. Area	Consortium	Marine	16.654,00	1997	yes
23	Delta Po Veneto	Regional Park	Park Authority	River delta	12.592,00	1997	yes
24	Delta Po Em.Romagna	Regional Park	Park Authority	River delta	53.653,00	1988	yes
25	San Bartolo	Regional Park	Park Authority	Coastal	1.596,33	1994	yes
26	Conero	Regional Park	Park Authority	Coastal	6.011,00	1987	yes
27	Sentina	Regional Reserve	Municipality	Coastal	177,75	2004	yes
28	Calanchi di Atri	Regional Reserve	Municipality	River	390	1995	yes
29	Pineta S.Filomena	National Reserve	MIPAF	Coastal	19,72	1977	no
30	S.Giovanni in Venere	Regional Reserve	Municipality	Coastal	150	2007	no
31	Lecceta Sangro	Regional Reserve	Municipality	Coastal	165	2001	yes
32	Punta Aderci	Regional Reserve	Municipality Vasto	Coastal	285	1998	yes
33	Lama Balice	Regional Park (Puglia)	Provincia Bari	Coastal	502	1992	no
34	Le Cesine	Regional Reserve	Municipality	Coastal	384	1980	yes
35	Saline Margh.di Savoia	National Natural Park	MIPAF	Coastal	3871	1977	no
36	Kotorsko-Risanski bay	UNESCO Site	Kotor municipality	Both	2.778,79	1979	yes
37	Island Katici	Marine Protected Area		Marine	439,75	2010	no
38	Plaza Pecin	Nature Monument	Management planning for these 3 to be in 1 MPA	Both	153,41	2010	no
39	Buljarica	Nature Monument		Both	302,01	2010	no
40	Strunjan	Natural Park	Park Authority	Both	428,6	1990	yes
41	Secoveljske soline	Natural Park	Soline d.o.o.	Coastal	650	2001	yes

Fonte: Indagine diretta su questionario predisposto sulla base dei dati desunti dalle fonti di cui alla Tavola 2.B

Prima però di approfondire la situazione rilevata andando a guardare nel merito i dati desunti da questa ricerca è necessario approfondire il concetto di Network nei termini con cui viene usato nel mondo della protezione della natura e nel contesto internazionale delle aree protette. Tale approfondimento, particolarmente importante per ciò che compete la regione adriatica, diviene anche un importante supporto per approfondire ulteriormente la ricerca e acquisire ancor più dati su quello che lo stesso Network esistente in Adriatico ci consente di osservare come un campione significativo di aree protette costiere e marine.

3. Lavorare in rete: MedPAN e AdriaPAN

Si è già parlato nella prima parte di questo lavoro dell'importanza di porre sotto tutela le aree del pianeta in numero sufficiente ad avere rappresentati tutti gli habitat primari della vita. In mare la dinamicità e la continua trasformazione degli ecosistemi si è visto come complichi enormemente le cose.

Si deve necessariamente ricorrere allora a forme di tutela appositamente studiate.

Nel mondo le principali politiche di tutela in questo senso puntano decisamente verso l'istituzione di aree protette di grande superficie e, in alternativa o anche contemporaneamente, verso l'attivazione di forme di *Network* tra aree protette basate su approcci eco-sistemici.

Sono state le esperienze degli anni '60 e '70 in paesi di cultura anglosassone la guida per applicare formule di gestione integrata su vasta scala alla protezione degli ambienti marini e costieri. Il processo di istituzione in Australia del Parco marino della Barriera Corallina[40] e, ancor

---

[40] Il *Great Barrier Reef Marine Park*, quello che può essere definito il parco marino più famoso del mondo esteso per oltre 345mila Kmq, è stato istituito con apposita legge nel 1975: Il *Great Barrier Reef Marine Act*.

più, l'attivazione negli Stati Uniti del Programma dei Santuari Marini,[41] mostrano una tale ricchezza e varietà tali da apparire ineguagliabili sia per la modernità dei meccanismi con cui la molteplicità degli ambiti territoriali coinvolti ha favorito la partecipazione di tutti i cittadini, sia perché la politica di tutela integrata dell'ambiente costiero e marino è, in tali Paesi, il modo ordinario di gestire il territorio per una consapevolezza prima di tutto culturale, ma poi anche tecnica e attuativa, che risale a molto tempo addietro (Zoppi, 1993).

In Mediterraneo la problematica dell'istituzione di ampie aree protette è stato affrontato per la prima volta nel dibattito che si è creato attorno alla già citata *Convenzione di Barcellona* e ha portato all'elaborazione tra il 1982 e il 1999 di uno specifico Protocollo,[42] che individua la possibilità di istituire anche nelle acque internazionali mediterranee le migliori forme di protezione su vasta scala: le cosiddette SPAMI: *Special Protected Areas of Mediterranea Importance.*[43]

---

[41] Il *National Marine Sanctuary Program*, è stato approvato nel 1972 con apposito atto legislativo, il *Marine Protection, Research and Sanctuary Act*, ed ha portato nel tempo all'istituzione di un sistema di 14 Santuari Marini, di cui il più piccolo alle Isole Samoa ha una superficie inferiore al chilometro quadrato e il più grande di 350mila Kmq comprende al proprio interno le Isole Hawaii, Fonte: www.sanctuaries.noaa.gov (10.01.2010).

[42] Il Protocollo, che nella sua versione finale porta il nome di *Protocol concerning Specially Protected Areas and Biological Diversity in the Mediterranean*, fu firmato una prima volta nel 1982, contestualmente alle altre parti della Convenzione di Barcellona, ma in quella specifica parte fu sostituito nel 1995 dal testo appositamente studiato per estenderlo anche gli aspetti legati alla biodiversità, testo che fu firmato nuovamente a Barcellona. L'entrata in vigore del Protocollo è avvenuta poi nel 1999 raggiunto l'adeguato numero di ratifiche da parte dei singoli Stati.

[43] Cfr. UNEP (1995), *Protocol concerning Specially Protected Areas and Biological Diversity in the Mediterranean (Barcelona-1995)*, Regional Activity Center for Special Protected Areas- CEDEX, Tunis (Tunisia).

Un esempio di ciò è la relativamente recente istituzione di *"Pelagos"*, il Santuario per la protezione dei mammiferi marini mediterranei, che attraverso l'accordo tra Francia, Italia e Principato di Monaco del 25 novembre 1999, individua il Mar Ligure come una unica ampia SPAMI in mare aperto.[44] Alla base di tale istituzione c'è l'impegno dei tre Paesi di tutelare i mammiferi marini e i loro ambienti, proteggendoli dagli impatti negativi diretti o indiretti delle attività umane, in un'area di quasi 90mila Kmq comprendente la Corsica, gli arcipelaghi Toscano e della Maddalena, le Aree marine protette dell'arco ligure, e il Parco de Port Cros. Ancora oggi purtroppo l'avvio fattivo della gestione del Santuario rimane problematico poiché la gestione di aree protette d'alto mare è piuttosto complessa e diversificata comprendendo anche il controllo dei traffici marittimi e la sorveglianza diretta in acque internazionali (Relini, 2007).

Al riguardo è stato osservato come di fatto, se tali problematiche di controllo e sorveglianza in alto mare non fossero così complesse, gran parte del Mar Mediterraneo, per una superficie di oltre un milione e mezzo di chilometri quadrati, potrebbe essere già considerato uno dei più estesi "Santuari Marini" del pianeta, essendo stata vietata la pesca a strascico aldilà della batimetrica dei 1000 metri già dal 2005 da parte della *Commissione Generale della Pesca del Mediterraneo* della FAO (Cattaneo Vietti e Tunesi, 2007).

3.1. I Network tra aree protette

Se in alto mare si può intervenire con provvedimenti unitari e generalizzati, più difficile è farlo all'interno delle acque territoriali o lungo la fascia costiera, laddove cioè la diversificazione degli interessi e delle

---

[44] L'accordo tra i tre Paesi è stato siglato a Roma il 25 novembre 1999 e la ratifica da parte dell'Italia è venuta l'anno successivo l'11 ottobre 2001, pubblicata sulla Gazzetta Ufficiale n.253 del 30 ottobre 2001.

competenze complica enormemente l'adozione di provvedimenti unici di salvaguardia. In questi casi l'azione che si sta rivelando più efficace per la tutela della grande varietà di *habitat* e specie che vi si trovano è quella della costruzione di reti ecologiche tra aree protette, ciò che è identificato come un sistema integrato, ecologico e gestionale, tra differenti realtà aventi il medesimo obiettivo: i *Network*.

I cosiddetti *Network* (reti di lavoro) sono una delle più interessanti esperienze che il mondo della ricerca scientifica, e non solo, sta sperimentando negli ultimi anni. Reti stabili di lavoro create tra esperti e/o istituzioni, che condividono gli stessi obiettivi o i medesimi ambiti d'azione. È la nuova frontiera, il più avanzato sistema di coordinamento delle attività di ricerca così come di condivisione delle esperienze di gestione.

Al *World Summit* per lo Sviluppo Sostenibile di Johannesburg nel 2002 se ne parlò per la prima volta in documenti ufficiali mentre al "*Marine Summit*" di Washington del 2007 l'IUCN (IUCN, 2008) indicò le reti tra aree marine protette come un sistema utile a migliorare la resilienza degli ecosistemi marini.

> «*Le reti possono contribuire allo sviluppo sostenibile, promuovendo la gestione integrata marina e costiera attraverso tre funzioni e benefici collegati:*
> *A-Ecologico: un network può aiutare a mantenere il funzionamento degli ecosistemi marini comprendendo le scale temporali e spaziali dei sistemi ecologici.*
> *B-Sociale: un network può aiutare a risolvere e gestire i conflitti sull'uso delle risorse naturali.*
> *C-Economico: un network può facilitare l'uso efficiente delle risorse*».

Nell'ultimo lavoro di censimento, effettuato dall'organismo delle Nazioni Unite che svolge attività di monitoraggio sulla conservazione della biodiversità, sono stati individuati nel mondo 65 *Network* di Aree protette marine, di cui 30 nazionali e 35 internazionali, 20 estesi su dimensioni di regione geografica e due, tra quelli promossi in Mediterraneo, creati dalla stessa Comunità Europea: *Natura 2000* ed *Emerald* (UNEP-WCMC, 2008).

Questi ultimi due strumenti pensati in ambito UE, il primo *Natura 2000*, di diretta applicazione per gli Stati membri mentre il secondo, *Emerad*, destinato ai Paesi extra-UE, sono il più importante esempio a livello internazionale di pianificazione eco-sistemica portato avanti allo scopo di creare delle reti ecologiche.

Allo stato attuale dei 26.406 siti facenti parte della rete *Natura 2000*, quelli riferiti ad ambienti marini sono appena 2.612.[45] Ma il numero e, quindi, l'efficacia potenziale della rete, aumenterà notevolmente nei prossimi anni grazie alle politiche attuate attraverso la già esaminata *Strategia UE per l'ambiente marino* e grazie alla futura integrazione di *Emerald* all'interno di *Natura 2000*.

Ciò su cui si è ancora carenti, su questo fronte, a parere di alcuni esperti, sarebbe legato sempre alla mancanza di un coordinamento efficace. Manca ancora quel raccordo organico che dovrebbe esistere tra i siti *Natura 2000* e quanto previsto dalla normative nazionali in materia di Aree protette. È necessaria una visione complessiva in grado di dare maggiore organicità ed efficacia alla protezione della biodiversità marina a livello nazionale e di bacino, come è già realtà in Paesi come la Germania o il Regno Unito (Tunesi, 2010).

Ancor più interessanti dei *Network* istituzionali sono le reti tra le aree protette che nascono spontaneamente in considerazione della partecipazione di tutti i portatori di interesse e la condivisione di obiettivi e strategie che sottende alla loro formazione.

---

[45] La cifra di 2.627 è il risultato della somma dei SIC e ZPS marini istituiti fino al 2012. Cfr. Commissione Europea-DG Ambiente, *barometer June 2012*, in *Natura 2000* n.33 gennaio 2013, pagg.8-9.

Si tratta di forme di reti auto-organizzate, caratterizzate da scambio di risorse e mezzi, volte a risolvere problemi e a creare opportunità, non ancorate alla sovranità di un singolo Stato ma rivolte a creare un sistema di "*governance*" ispirato ai tre principi fissati dall'Unione Europea per il reale conseguimento di uno "Sviluppo Sostenibile": *partnership*, partecipazione e sussidiarietà (Gemmiti, 2009).

Qualcuno ha parlato anche di una "*new governance*", una seconda fase del concetto di condivisione dell'azione di governo, in riferimento ad approcci spontanei, come questi delle aree protette, basati su strumenti diversi da quelli legislativi e più rivolti a coordinamento, apprendimento e partecipazione.

In ambito costiero e marino la più importante rete di aree protette, che interessa anche l'Italia, è certamente quella identificata con l'acronimo MedPAN- *Mediterranean Protected Areas Network*. Costituitosi nel 1990 e rilanciato nei primi anni del duemila per iniziativa del WWF Francia, *MedPAN* è arrivato a contare una adesione di 50 membri e circa 30 partner che gestiscono Aree protette costiere e marine di 18 Paesi del Mediterraneo.[46]

3.2. La rete MedPAN

Il MedPAN, la rete dei gestori di AMP nel Mediterraneo fu creata nel 1990 con il supporto della Banca Mondiale (Abdulla, 2008). I due principali obiettivi alla sua creazione furono lo scambio di esperienze tra i gestori di AMP e lo sviluppo e il perfezionamento di strumenti di gestione.

---

[46] La rete delle aree protette marine del Mediterraneo era nata nel 1990 grazie all'interessamento della Banca Mondiale ma per molti anni ha svolto attività limitata. Nel 1999 il *Parco Nazionale de Port Cros*, che comprende anche le aree marine del noto arcipelago francese mediterraneo, ha promosso la sua trasformazione appoggiandosi al WWF Francia per le attività che si sono sviluppate nei programmi europei *Interreg*. Dati www.medpan.org (28.05.2013).

La rete MedPan operò dal 1990 al 1996 con seminari tematici e pubblicazioni tecnico-scientifiche. La mancanza di fondi e di risorse umane lasciò dormiente il *network* dal 1996, ma il suo valore fu riaffermato dalle Nazioni Unite nel 1999 mediante il RAC/SPA. Il parco Nazionale di *Port Cros* richiese un nuovo Statuto per il MedPan nel 1999, trasformandolo in una associazione senza fini di lucro di diritto francese, con gli uffici amministrativi ospitati nelle strutture di *Port Cros*. Il RAC/SPA fornì i servizi di segreteria per l'associazione, e la responsabilità del network venne assunta dal parco Nazionale di *Port Cros* e dalla Federazione francese dei parchi regionali. Lo statuto della nuova associazione dichiarava chiaramente la sua vocazione verso la rete mediterranea di AMP ovvero:

- aumentare gli scambi di contatti e di esperienze tra i gestori di aree marine protette e costiere;
- assistere la formazione dei gestori;
- rendere disponibile il *know-how* acquisito dai gestori ad altri gestori, con la visione dello sviluppo sostenibile;
- sviluppare e sostenere concrete azioni per la pianificazione, la gestione e la pubblica consapevolezza delle aree protette e reti di aree protette;
- migliorare lo sviluppo delle aree marine e costiere protette, basandosi sull'esperienza di ogni area protetta (Piante, 2003).

Nel 2001 il Parco Nazionale di *Port Cros* propose al WWF France di prendere il coordinamento e la raccolta fondi del MedPan. Uno studio di fattibilità condotto nel 2003 permise di rifocalizzare l'attenzione sulle AMP. Dal 2005 al 2007 il WWF France ha sviluppato e coordinato un progetto triennale e finanziato dall'UE attraverso *l'Interreg IIIC South Initiative*. Esso ha portato assieme 23 partner da 11 paesi delle coste mediterranee di cui 14 partners sono europei e 9 non europei. Questi partner gestori di più di 20 AMP hanno lavorato per la costituzione di un più ampio *network* volto a comprendere ulteriori altre aree marine protette. Ogni anno sono tenuti diversi seminari su argomenti tecnico-gestionali comuni a tutti i partecipanti e sono elaborati studi e strumenti metodologici riguardanti la gestione.

Dopo molti progetti sviluppati anche grazie all'aggiudicazione di finanziamenti europei, nel 2008, in occasione della *World Conservation Conference* dell'IUCN di Barcelona (Spagna), il *MedPAN* si è formalmente costituito in Organizzazione *no-profit* legalmente riconosciuta a livello internazionale, con un nuovo statuto e con l'obiettivo di divenire una organizzazione stabile che opera anche attraverso forme di finanziamento autonomo.

3.3. La rete AdriaPAN

Identico percorso di condivisione si è avuto per un ulteriore *Network* che si è avviato molti anni più tardi e si sta sviluppando solo di recente nella regione adriatica che, secondo quanto riportato nell'atto costitutivo, la "Carta di Cerrano", è identificato con il nome di AdriaPAN-*Adriatic Protected Areas Network*.[47]

Nella primavera del 2008, a Pineto (Te), presso l'istituenda Area Marina Protetta *"Torre del Cerrano"*, durante alcuni seminari indirizzati agli operatori delle Aree Marine Protette, è emersa la volontà di coordinarsi costantemente per aree territoriali. Da quel momento di incontro, le aree protette del Mar Adriatico, marine e costiere, si sono attivate per costruire una rete di lavoro comune sotto il coordinamento della Riserva Marina di

---

[47] *AdriaPAN* è nata l'8 luglio 2008 a Pineto (Te), presso la sede del Consorzio di gestione dell'istituenda Area marina protetta Torre del Cerrano ed è stata ratificata con la firma della "Carta di Cerrano" il 26 settembre 2008 a Rosolina (Ro) nel Parco Veneto del Delta del Po. Al 2013 fanno parte del coordinamento 40 Aree Protette Costiere e Marine dell'Adriatico e 43 organizzazioni varie tra Università, Istituti di ricerca, Enti e Amministrazioni, Associazioni e Comitati, etc.. Fonte: http://triviadicerrano.blogspot.com (10.06.2013).

Miramare e del Consorzio di Gestione dell'Area Marina Protetta *Torre del Cerrano*.

L'otto luglio 2008, si è tenuto un nuovo incontro, sempre a Pineto (Te) dove erano presenti i rappresentanti di quasi tutte le aree protette della costa italiana, le associazioni ambientaliste nazionali, i maggiori istituti di ricerca e le Università più interessate. Ci si incontrava in forma di autoconvocazione, con il coordinamento dell'AIDAP (*Associazione Italiana Direttori e funzionari di Aree Protette*) per stendere un documento di impegni condivisi delle aree protette costiere e marine dell'Adriatico.

Una necessità, avvertita da anni, per poter partecipare in forma congiunta a ricerche, nazionali e internazionali, e per lo scambio di utili informazioni sulle forme gestionali.

I temi e le problematiche affrontate a Pineto hanno trattato di argomenti legati alle necessità di conservazione naturalistica e alla condivisione di esperienze amministrative legate a uno sviluppo sostenibile nei settori della pesca e del turismo.

Gli incontri si sono chiusi con la stesura di un documento di indirizzi che veniva chiamato "*Carta di Cerrano*", in onore al luogo dove era stato concepito ma anche per evidenziare come questo documento rappresenti la volontà di chi sul territorio opera quotidianamente e sente la necessità di coordinare il proprio lavoro con nuove realtà e differenti culture. L'aspetto, infatti, che ha più colpito nei lavori di Pineto, è stato l'interesse che da più parti, e persino da amministrazioni di differente colore politico, veniva rivolto alla nuova realtà dell'Area Marina Protetta ancora in fase di costituzione e di come questo fosse visto come un elemento importante per affacciarsi sul panorama internazionale.

Due mesi dopo, nella sala conferenze del *Giardino Botanico Litoraneo* di Porto Caleri di Rosolina (Ro), nel Parco Regionale Veneto del Delta del Po, il 26 settembre 2008, è stata ratificata la versione finale della

Carta di Cerrano, sulla base di una stesura costruita dopo un intenso lavoro di coordinamento.

Il testo finale, riportato integralmente nell'Allegato, rappresenta un insieme di valori da condividere, obiettivi da raggiungere e strategie da perseguire, in modo da attuare una collaborazione diretta tra tutte le aree protette, di qualunque tipologia e forma, purché marine e costiere del mare Adriatico.

Nella prima ratifica hanno sottoscritto la *Carta di Cerrano* almeno un'area protetta per ogni regione italiana che affaccia sul Mare Adriatico. Da allora la sottoscrizione è aperta a tutte le organizzazioni che abbiano a che fare con la gestione di aree su cui esiste una forma di protezione rivolta alla conservazione della biodiversità secondo le indicazioni emerse nel contesto internazionale. Queste le aree protette che hanno sottoscritto dal primo momento la Carta di Cerrano e risultano pertanto le 10 aree protette fondatrici di AdriaPAN:

1) Area Marina Protetta "*Miramare*", Trieste;
2) Area Marina Protetta "*Torre del Cerrano*", Pineto-Te;
3) Parco Naturale Regione Veneto "*Delta del Po*", Rovigo;
4) Parco Naturale Regione Emilia Romagna "*Delta del Po*", Ferrara;
5) Zona di Tutela Biologica "*Tegnue di Chioggia*", Venezia;
6) Riserva Naturale Regione Marche "*Sentina*", Ascoli Piceno;
7) Riserva Naturale Regione Abruzzo "*Calanchi di Atri*", Teramo;
8) Riserva Naturale Regione Abruzzo "*Lecceta di Torino di Sangro*", Chieti;
9) Riserva Naturale Regione Abruzzo "*Grotta delle Farfalle*", Chieti;
10) Area Marina Protetta "*Torre Guaceto*"–Brindisi.

Hanno aderito dall'inizio anche due organismi che rivestono il ruolo di supporto tecnico all'organizzazione: l'AIDAP-*Associazione Italiana Direttori e funzionari Aree Protette* e il WWF MedPO-*Mediterranean Programme Office.*

Lungo l'intera costa italiana con la *Slovenia*, la *Croazia*, la *Bosnia Erzegovina*, il *Montenegro*, l'*Albania*, fino alla *Grecia*, tutte le aree protette hanno poi liberamente aderito sottoscrivendo la *Carta di Cerrano*, condividendone valori e obiettivi.

Con il passare del tempo ha iniziato a prendere corpo AdriaPAN-*Adriatic Protected Areas Network*, una stabile rete di lavoro tra le aree protette dell'Adriatico, marine e costiere che si ritrovano nei principi e negli obiettivi enunciati nella *Carta di Cerrano*.

Al 2013 AdriaPAN conta 40 aree protette, di tutte le nazioni che affacciano sull'Adriatico, che hanno sottoscritto la *Carta di Cerrano,* e altre 43 organizzazioni d'altro tipo (Comitati, Associazioni, Ong, Agenzie, Istituti di Ricerca, Università, Amministrazioni, etc.) che hanno aderito ad AdriaPAN condividendone principi e obiettivi ed entrando a far parte di partenariati rivolti all'attivazione di programmi di sviluppo congiunto.

Infatti, alla luce del grande interesse che il *network* ha suscitato negli Istituti di Ricerca, Università, Associazioni e altri portatori di interesse, le stesse aree protette facenti parte di AdriaPAN hanno aperto l'ingresso alla rete anche ad altri soggetti che aderiscono ad AdriaPAN condividendo anch'essi i principi e gli obiettivi della Carta di Cerrano.

Al 2013 questo è l'elenco dei **sottoscrittori** della *Carta di Cerrano* e membri della rete AdriaPAN:

1) Area Marina Protetta Torre del Cerrano
2) Area Marina Protetta di Miramare (Trieste-Ita)
3) Parco regionale Delta del Po Veneto (Venezia-Ita)
4) Parco regionale Delta del Po Emilia Romagna (Ravenna-Ita)
5) Area Marina Proetta di Torre Guaceto (Brindisi-Ita)
6) Riserva Naturale regionale Sentina (S. Benedetto Tronto-AP-Ita)
7) Riserva Naturale regionale Calanchi di Atri (Atri-TE-Ita)
8) Zona Tutela Biologica Tegnùe di Chioggia (Venezia-Ita)
9) Riserva Naturale reg. Lecceta Torino di Sangro (Chieti-Ita)
10) Riserva Naturale regionale Grotta delle Farfalle (Chieti-Ita)
11) Nationalni Park Mljet (Dubrovnik-Hrvatska)
12) Nationalni Park Kornati (Zadar-Hrvatska)
13) Nationalni Park Brijuni (Pula-Hvratska)

14) Area Umida Laguna di Narta (Vlore-Albania)
15) Oasi Marina di Caorle Tegnùe di P.to Falconera (Venezia-Ita)
16) Park prirode Lastovsko otočje (Ubli-Hrvatska)
17) Parco regionale Monte San Bartolo (Pesaro-Ita)
18) Parco regionale del Conero (Ancona-Ita)
19) Riserva Naturale Statale Le Cesine (Lecce-Ita)
20) Parco Nazionale Gargano (Foggia-Ita)
21) Area Marina Protetta Isole Tremiti (Foggia-Ita)
22) Riserva Naturale S.Giovanni in Venere (Chieti-Ita)
23) Riserva Naturale Punta Aderci (Chieti-Ita)
24) Special Reserve Prvic (Rijeka-Hrvatska)
25) Special Reserve Cres Island (Rijeka-Hrvatska)
26) Important Landscape Lopar (Rijeka-Hrvatska)
27) Special Reserve Kolansko Rogoza (Zadar-Hrvatska)
28) Special Reserve Veliko i Malo (Zadar-Hrvatska)
29) Important Landscape Dugi otok Island (Zadar-Hrvatska)
30) Significant Landsacape Zut-Sit Archipelago (Sibenik-Hrvatska)
31) Significant Landsacape River Krka lower course (Sibenik-Hrvatska)
32) Significant Landsacape Sibenik Channell-Harbour (Sibenik-Hrvatska)
33) Special Reserve Neretva River Delta (Dubrovnik-Hrvatska)
34) Special Marine Reserve Mali Ston and Malo More (Dubrovnik-Hrvatska)
35) Special Reserve Island Mrkan, Bobana and Supetar (Dubrovnik-Hrvatska)
36) Significant Landsacape Saplunara Island (Dubrovnik-Hrvatska)
37) Significant Landsacape Badija Island (Dubrovnik-Hrvatska)
38) Park prirode Telasčica (Zadar-Hrvatska)
39) Krajinski Park Strunjan (portoroz-Slovenia)
40) Riserva Naturale regionale Ripabianca (Jesi-AN-Ita)

Questo invece l'elenco delle altre organizzazioni **aderenti** ad AdriaPAN:

1) AIDAP Ass. It. Direttori e funzionari Aree Protette- Feltre (Bl) ITA.
2) WWF Mediterranean Programme Office- Roma ITA.
3) SUNCE Ass. for nature, environment and sustainable development-Split-HVR.
4) AULEDA Local Economic Development Agency- Vlore ALB.
5) Adriatik Center - Vlore ALB.
6) Università di Teramo, Dip. Teorie Politiche Sviluppo Sociale-Teramo ITA.
7) Università di Teramo, Dip. di Scienze Biomediche Comparate- Teramo ITA.

8) Università di Bari, Dipartimento di Zoologia- Bari ITA.
9) Un. di Bologna-CIRSA, Centro Interdip. Ricerca Scienze Amb.-Ravenna ITA.
10) Università di Roma 3, Dipartimento di Biologia Ambientale- Roma ITA.
11) IZS A&M "Caporale", Ist. Zooprofilattico Abruzzo&Molise -Teramo ITA.
12) Consorzio Mario Negri Sud, Environment Rsearch Center- Lanciano (Ch) ITA.
13) Time Project, EU Project development Bolzano.
14) Centro Studi Cetacei, Association-Pescara ITA.
15) Tethys Research Institute- Milano ITA.
16) Blue World Institute of Marine Research and Conservation- Split HVR.
17) Morigenos, Marine mammal research and conservation society- Piran SLO.
18) Fond. Cetacea Onlus -Riccione ITA. -Reef Check Italia Onlus -Ravenna ITA.
19) Consorzio CIVICA, EU Project development-Pescara ITA.
20) ITACA, Association for Local Development-Teramo ITA.
21) Coordinamento Tutela Costa Teatina - Chieti ITA.
22) Natura Jadera, Pub.Inst.for Manag.of Nature P.A. in Zadar County- Zadar HVR.
23) Sibenik Nature, Pub.Inst. for Management of P.A. in Knin County- Sibenik HVR.
24) Priroda, Pub.Inst. Priroda County of Primorje and Gorski Kotar- Rijeka HVR
25) Dubrovnik-Neretva Nature - Dubrovnik HVR
26) SELC, Società per l'Ecologia delle Lagune e delle Coste- Venezia ITA.
27) EcoVie - Chieti ITA.
28) Comitato Riserva Nat. Reg. Guidata Borsacchio- Roseto degli Abruzzi (Te) ITA.
29) Diatomea, Environment planning- Senigallia (An) ITA.
30) Archeosub Hatria, Association- Silvi (Te) ITA.
31) LANDS, Professional network- Maranello (Mo) ITA.
32) Monk Seal Group, Association- Roma ITA & Pula HVR.
33) BluMarine Service, scarl- San Benedetto Tr. (Ap) ITA.
34) Nature Survey, Association- Milano ITA.
35) HabitatLAB, Onlus- Pescara ITA.
36) Nautilus, NGO- Kotor CRG.
37) Green Home, NGO- Podgorica CRG.
38) Dolphin Biology&ampConservation, Scientific staff- Perugia ITA.
39) Ocean Care NGO - Wädenswil, SUI.
40) Camera Commercio Tirana - Tirana ALB.
41) EURAC research - Bolzano ITA.
42) MedCEM, Mediterranean Center for Environment Monitoring, NGO - Bar CRG.
43) CRASsrl, Centro Ricerche Applicate Sviluppo Sostenibile- Roma ITA.

AdriaPAN nasce come una iniziativa *bottom-up* che dal basso crea quelle condizioni di collaborazione stabile tra operatori di aree protette in Paesi transfrontalieri che, purtroppo, non è facile da ottenere attraverso gli ordinari canali diplomatici degli Stati interessati.

Fig.3.a Le Aree Protette costiere e marine della rete AdriaPAN
(Fonte: http:/triviadicerrano.blogspot.com)

AdriaPAN si muove sulla scia della positiva esperienza di MedPAN che tra il 2006 e il 2009 ha costituito il principale *network* di aree marine protette del Mediterraneo. Il successo riconosciuto a quel sistema di rete, per quanto ancora giovane, è legato proprio alla formula di base che coinvolge i singoli manager delle sole aree protette, riuscendo così a veicolare un reale interesse a lavorare insieme su obiettivi comuni e condivisi.

Il 6 ottobre 2008 a Barcellona, in Spagna, si è tenuta la Conferenza mondiale rivolta alla conservazione della natura organizzata dall'IUCN (*IV World Conservation Conference-International Union for Conservation of Nature*). In questo contesto, nell'ambito delle attività di MedPAN, c'è stata la presentazione sul panorama internazionale di AdriaPAN. L'occasione è stata offerta dall'incontro organizzato da *The Nature Conservancy*, Federparchi e WWF France, dal titolo "*Speeding up the establishment of a coherent, representative and effectively managed ecological network of marine protected areas in the Mediterranean?*".

AdriaPAN da quel momento ha avviato ufficialmente le proprie attività nel contesto internazionale e sulla base del suo atto costitutivo, la *Carta di Cerrano*, ha attivato la predisposizione di progetti di comune interesse per tutte le aree protette costiere e marine del Mare Adriatico.

AdriaPAN è, ancora al 2013, solo un coordinamento di gestori di aree protette costiere e marine del Mare Adriatico: italiane, slovene, croate, montenegrine e albanesi, e opera basandosi sulla azione di ogni singola unità operante nelle varie aree protette con un minimo di coordinamento da parte dei promotori dell'iniziativa: le Aree marine protette di Miramare e di Torre del Cerrano. Al 2013 AdriaPAN può già vantare buoni risultati nonostante i pochi anni di attività. Si sono registrati vari riconoscimenti importanti e sono in fase di sviluppo ben dodici progetti su scala internazionale.

Il primo riconoscimento, a livello politico-istituzionale, è stato espresso da parte dello AII–*Adriatic & Ionian Initiative*, organizzazione facente capo ai ministri degli esteri dei Paesi adriatici di cui precedentemente si è parlato, che nell'incontro dei *Senior Official* tenutosi ad Ancona il 26 marzo 2010, ha fornito il proprio patrocinio all'attività di AdriaPAN inserendola tra le organizzazioni di rete esistenti e strutturate a cui poter fare riferimento per le attività di cooperazione. Insieme alla rete delle aree protette AdriaPAN hanno avuto lo stesso riconoscimento la rete delle Università *UniAdrion*, quella delle Città Adriatiche e il Forum delle Camere di Commercio.

Il secondo risultato di tipo tecnico-organizzativo è stato registrato quando il Segretariato AdriaPAN è stato chiamato a far parte dello *Steering Commitee* predisposto dal MedPAN per elaborare il data base delle aree protette marine del Mediterraneo su incarico del IUCN. Su questo lavoro si sono tenuti già due incontri nel settembre 2010 a Marsiglia in Francia e nel novembre 2010 a Korba in Tunisia e AdriaPAN ha testimoniato con la propria esperienza quanto sia importante considerare sia le aree marine protette che quelle costiere per una realistica azione di conservazione dell'ecosistema Mediterraneo.

Un ulteriore e ancor più recente risultato è stato, invece, il riconoscimento registratosi a livello scientifico-accademico quando AdriaPAN è stata invitata a partecipare, tenendo una relazione sull'attività in corso di svolgimento, nel Workshop promosso dall'UNEP[48] per fare il punto sugli obiettivi 2012 in tema di biodiversità marina. Convegno tenutosi in Slovenia il 29 ottobre 2010 presso l'Istituto di Biologia Marina di *Piran*, con il titolo "*Toward a representative network of Marine Protected Areas in Adriatic*".

Importanti sono stati, poi, i due progetti finanziati (AdriaPAN Secretariat e PANforAMaR) per il funzionamento di un segretariato AdriaPAN: il primo ottenuto sul bando per gli *Small Project* promosso dal MedPAN con finanziamenti FFEM, MAVA, Fondazione Alberto di Monaco; il secondo sul bando per i progetti di cooperazione, pubblicato dallo All-*Adriatic & Ionian Initiative*.

---

[48] United Nations Environment Programme.

Infine, il maggior riconoscimento per AdriaPAN è stata la citazione avuta, come buona pratica da prendere ad esempio di cooperazione internazionale in ambito marino, da parte della Commissione Europea nel documento per la Strategia Marittima per l'Adriatico di cui alla decisione del Consiglio Europeo del 30 novembre 2012 (Com 2012- 713 final).

3.4. Il valore aggiunto dei Network

Mettere assieme le Aree marine protette di una regione, però, non costituisce automaticamente un *network*. In avvio si può parlare di un "aggregato" piuttosto che di un "conglomerato",[49] un'associazione di organizzazioni amministrative, designata spesso opportunisticamente, a volte anche con obiettivi differenti tra loro. La sola prossimità geografica delle aree protette non è di per sé un criterio sufficiente per determinare la nascita di un *Network* che abbia lo scopo di costituire una rete ecologica, così come non lo è nemmeno inserire le aree protette in un singolo contenitore istituzionale, sebbene questo sia riconosciuto in termini legali. Affinché le reti di Aree Protette, in particolare marine e costiere, abbiano un senso ecologico devono essere pianificate per il raggiungimento del medesimo obiettivo. Un *Network* andrebbe immaginato come un soggetto con un unico piano gestionale e in cui le singole parti agiscano come centri focali della conservazione (Spoto, 2009).

La nascita spontanea di queste reti di lavoro è una ovvia conseguenza della volontà di attivare autonomamente le necessarie politiche di sistema, da più parti invocate, ma ancora difficili da attuare in Italia. Appare scontato, però, che se a tali iniziative di coordinamento spontaneo, come si usa dire *"bottom up"*, non si fa seguire un supporto istituzionale, non solo

---

[49] Nota è la definizione data nel 2005 da Notarbartolo Di Sciara che si riferisce a sistemi di AMP come «conglomerati di singole AMP o reti sotto un frame work multi-istituzionale, strategicamente pianificato e fatto funzionare coordinatamente».

economico ma anche in termini di facilitazioni operative, si rischia di far scemare l'entusiasmo e la forte capacità aggregativa iniziale che, invece, sono importanti risorse da capitalizzare. Il valore aggiunto dei *Network* per le aree protette marine e costiere si è percepito nel momento in cui al *Marine Summit* IUCN-WCPA di Washington del 2007, si è iniziato a parlare su documenti ufficiali di "corridoi" di connessione ecologica tra aree protette. Le tecniche di pianificazione e gestione pensate e utilizzate all'interno delle aree protette, soprattutto l'applicazione degli strumenti volontari per la sostenibilità, consentirebbero, anche con relativa semplicità, di sviluppare strategie e piani di azione condivisi anche su territori difficili da gestire unitariamente come quelli costieri. Laddove, infatti, interagiscono realtà molto differenti tra loro, quelle afferenti al mare e quelle della terraferma, diverse sotto molti punti di vista, ambientali, economico-sociali e amministrativo-istituzionali, aumenta l'importanza di utilizzo di sistemi "codificati" quali sono le reti di cooperazione. I *Network* stabili permettono di fare tesoro delle esperienze altrui consentendo di raggiungere i risultati voluti con maggiore semplicità. Protocolli complessi pensati e approvati sul piano internazionale come quello per la Gestione Integrata delle Zone Costiere (ICZM) appaiono come i più lungimiranti anche se, inevitabilmente, sono quelli con le maggiori difficoltà di applicazione se non attivati, per ora, attraverso una adesione spontanea di tutte le parti interessate. Appare evidente in tali frangenti come anche sul piano legislativo emerge forte la volontà di creare *Network* tra le aree protette.

L'elevata qualità progettuale richiesta dalla Comunità Europea, infine, per qualunque tipo di candidatura a finanziamento è difficilmente raggiungibile nella situazione in cui si muovono oggi gran parte delle aree protette adriatiche, soprattutto costiere e marine. Il mondo delle aree protette è fortemente supportato dal "terzo settore", quello senza fini di lucro delle Associazioni, Onlus e Cooperative, che operano con competenza, professionalità e passione. La scarsità delle risorse economiche provenienti dagli Stati spinge sempre di più tali realtà gestionali a fare affidamento sui programmi di finanziamento comunitario. I *Network*, luogo di scambio di esperienze e di utili informazioni per la ricerca scientifica, in un tale frangente sono divenuti così, anche un contesto in cui, nel condividere alcuni obiettivi, si possono unire strategicamente le forze progettuali.

4. Un'indagine per l'Adriatico

Nel 2007 l'IUCN[50] avvia l'iniziativa *"How is your MPA managed?"* con l'intento di sostenere direttamente il Piano di azione 2006-2012 della WCPA-Marine[51], in particolare per quanto riguarda il compito statutario di «aiutare i Governi e le altri Parti a pianificare, sviluppare e istituire AMP, reti di AMP, e il sistema globale di protezione ambientale». Partendo dalla constatazione che numerose aree protette non hanno la capacità di svolgere un ruolo di leadership nella formulazione del proprio piano di gestione, il metodo delineato nel manuale *"How is your MPA managed?"* è complementare a quanto precedentemente definito nel manuale *"How is your MPA doing?"*, fornendo una procedura pratica e interattiva che guidi i gestori delle AMP, assieme al loro staff, ai rappresentanti della comunità locale, ai portatori di interessi, nella definizione e messa a punto del piano di gestione. Viene ribadito che gli indicatori di efficacia sono parte integrante di ogni piano di gestione, e che, se presi a se stanti, sono privi di qualsiasi utilità; la loro misurazione va quindi definita preliminarmente e va integrata nel piano di lavoro dell'AMP. I risultati conseguiti vanno analizzati, discussi e condivisi; serviranno da punto di partenza per il successivo ciclo di gestione.

---

[50] International Union for Conservation of Nature.
[51] World Commission on Protected Areas–Marine.

Una prima sessione di formazione sull'impiego di questa metodica, tenuta degli Autori del manuale *"How is your MPA managed?"* e rivolta a una ventina di rappresentanti di altrettante AMP, si è tenuta a Barcellona nel mese di settembre 2008.

Si tratta di una delle esperienze di maggior interesse per la valutazione della efficacia di gestione delle aree protette, per ora solo marine, a cui si vuol fare riferimento in questo lavoro guardando anche i risultati della prima applicazione avviata in Italia.

Nel 2005 l'Associazione WWF Italia (in qualità di Ente gestore dell'AMP Miramare) e Federparchi (Federazione Italiana Parchi e Riserve Naturali) hanno avviato l'iniziativa *"Strumenti per la valutazione dell'efficacia di gestione e la gestione adattativa per il sistema delle aree marine protette italiane"* grazie a un finanziamento del Ministero dell'Ambiente e della Tutela del Territorio e del Mare - Direzione della Protezione della Natura.

Sotto la guida dell'AMP Miramare, le altre AMP italiane che hanno preso parte al progetto sono:

- AMP Secche di Tor Paterno (Roma), unica riserva italiana non costiera, situata in mare aperto,
- AMP Torre Guaceto (Brindisi), riserva marina con una Riserva Naturale Statale terrestre e una zona umida RAMSAR,
- AMP Isole Ciclopi (Catania), per la sua caratteristica di essere costituita da isole,
- AMP Penisola del Sinis - Isola di Mal di Ventre (Oristano), in quanto presenta sia una parte di costa che un'isola.

La traduzione italiana del manuale *"How is your MPA doing?"* è stato il primo passo attuativo del progetto. Il secondo passo ha permesso di adattare il manuale tradotto al contesto italiano, reinterpretando il manuale originale, che per alcuni aspetti pone maggior enfasi sule aree marine protette presenti in paesi in via di sviluppo. È stato così contestualizzato all'attuale situazione italiana, caratterizzata da una maggiore pressione antropica e turistica, nonché da un maggior livello di benessere della popolazione residente a ridosso della AMP.

I risultati conseguiti dalle 5 AMP hanno denotato una piena maturità delle AMP Ciclopi, Miramare, Sinis, Tor Paterno e Torre Guaceto dal punto di vista dei risultati di gestione suddivisi per mezzi e/o servizi destinati alla fruizione, conservazione, comunicazione e informazione, gestione delle risorse, sviluppo e produzioni locali. I sistemi di fruizione, comunicazione e informazione sono quelli certamente più sviluppati tenendo conto che il 75% delle possibilità di fruizione solitamente usate nelle aree protette e censite sono state implementate e sono operative (centri visite, laboratori didattici, cartellonistica, campi ormeggio, sentieri naturalistici, materiale divulgativo, sito internet, ecc.). Gran parte delle AMP denunciano, invece, una scarsa presenza di sistemi di monitoraggio, controllo e gestione dei flussi turistici (es. rifiuti sulle spiagge e in mare). Per quanto attiene la conservazione le 5 AMP presentano una buona dotazione di strumenti per la conservazione pari al 72,5% di quelle censite ovvero sono dotate di una elaborazione cartografica GIS, hanno programmi di monitoraggio biologico nelle zone A e B, conducono studi sulle biocenosi e hanno ottenuto la certificazione ambientale EMAS. Infine è buona l'incentivazione su produzioni locali sostenibili (66,7%) mentre è scarsa la gestione delle risorse (30%) ovvero la presenza di programmi di fonti energetiche alternative, raccolta differenziata sulle coste e in mare, progetti migliorativi di smaltimento, attività che andrebbero certamente incentivate con progetti finalizzati (MATTM, 2007).

La ricerca svolta per le aree protette adriatiche che si presenta in questo lavoro è partita dallo strumento appena descritto, pensato in sede internazionale e applicato e sperimentato in Italia per le 5 aree marine protette citate. Il presente lavoro può quindi essere visto anche come un passo ulteriore di applicazione della ricerca a un campione più ampio e soprattutto più eterogeneo, di aree protette. Sono state selezionate per questo approfondimento di indagine le sole aree protette facenti parte della rete AdriaPAN al 2011, di cui quindi si poteva già conoscere sia l'orientamento di gestione, avendo sottoscritto la *Carta di Cerrano*, che i riferimenti dell'organismo di gestione, potendo reperire facilmente le informazioni all'interno dello stesso network. È stato predisposto un questionario a risposta chiusa al fine di agevolare gli utenti nel rispondere alle domande, sotto forma di scheda di informazioni per ogni singola area protetta già censita. Sempre tramite internet con l'invio di *e-mail*, questa volta ai soli diretti interessati si è riusciti ad avere un risultato di un certo interesse che viene riportato nella tabella Tavola 4.A.

All'indagine, effettuata direttamente verso i nominativi specifici referenti delle aree protette sottoscrittrici della *Carta di Cerrano*, hanno risposto non più della metà degli intervistati ma molti dati si è avuto modo di acquisirli anche in altre maniere, da verifica diretta o indirettamente tramite contatti ulteriori avuti con altri rappresentanti delle stesse aree protette. Gli argomenti selezionati su cui è stata effettuata l'indagine erano solo alcuni di quelli riportati nel lavoro promosso dal Ministero dell'Ambiente italiano e attuato da WWF Italia e Federparchi. Nello specifico le domande a risposta chiusa erano poste sui seguenti temi chiedendone semplicemente l'esistenza nella propria area protetta: Sede e Uffici, Centro Visite, Cartellonistica di confine e boe, Punti informativi, Museo, Percorsi turistici terrestri, Porti turistici, Percorsi turistici marini, Pescaturismo, Turismo fuori stagione, Piani Specifici per il Turismo, Impatti ambientali turistici, Logo dell'Area Protetta, Produzioni tipiche locali, Logo utilizzato come marchio, Iscrizione EMAS, Numero visitatori annui.

Tav.4.A Quadro dei dati socio-economici rilevati nelle Aree Protette costiere e marine della rete AdriaPAN

Protected Area / Area Protetta	Headquarter building / Sede e Uffici	Visitor Center / Centro Visite	Border Signal / Cartellonistica di confine e boe	Information Points / Punti informativi	Museum / Museo	Touristic Harbor / Porti turistici	Touristic terrestrial path / Percorsi turistici terrestri	Touristic marine path / Percorsi turistici marini	Touristic fishing / Pescaturismo	Over season tourism / Turso fuori stagione	Touristic specific Plan / Piani Specifici per il Turismo	Touristic Environmental Impact / Impatti ambientali turistici	Protected Area Logo / Logo dell'Area Protetta	Local typical production / Produzioni tipiche locali	Logo used as product mark / Logo utilizzato come marchio	EMAS / Iscrizione EMAS	Visitors per Year (Sign with # who motivated by protected area) N° VISITATORI ANNUI (Segnare con # se motivati da Area Protetta)
AdriaPAN members																	
Narta Lagoon	Y	?	?	?	?	?	-	?	?	?	?	?	?	?	?	?	?
Brijuni	Y	no	no	Y	Y	Y	Y	no	Y	Y	no	Y	Y	Y	Y	no	# 170 000
Mljet	Y	no	no	Y	no	Y	Y	no	Y	no	no	Y	Y	no	no	no	100.000
Kornati	Y	no	Y	Y	no	Y	Y	no	Y	Y	no	Y	Y	Y	no	no	# 80.000
Lastovo	Y	no	no	Y	no	Y	Y	Y	Y	no	no	Y	Y	Y	Y	no	# 28.000
Gargano	Y	Y	Y	Y	?	Y	Y	-	Y	Y	?	Y	Y	Y	?	?	?
Isole Tremiti	Y	?	?	?	?	Y	?	?	Y	Y	?	Y	Y	?	?	?	?
Miramare	Y	Y	Y	Y	Y	Y	Y	Y	Y	Y	Y	Y	Y	Y	Y	Y	?
Area Tegnùe Pto Falconera (Caorle)	Y	Y	Y	no	no	Y	Y	Y	Y	Y	Y	Y	Y	Y	Y	Y	not available
Area Tegnùe Chioggia	Y	?	Y	?	?	?	-	Y	?	Y	?	Y	?	Y	?	?	?
Torre del Cerrano	Y	no	no	Y	no	no	no	no	Y	Y	no	Y	Y	Y	no	no	?
Torre Guaceto	Y	Y	Y	Y	Y	no	Y	Y	Y	Y	Y	Y	Y	Y	Y	Y	?
Delta Po Veneto	Y	Y	Y	Y	Y	?	Y	-	Y	Y	Y	Y	Y	?	?	?	?
Delta Po Emilia Romagna	Y	Y	Y	Y	Y	?	Y	-	?	Y	Y	Y	Y	Y	?	?	?
San Bartolo	Y	?	?	?	?	Y	?	-	?	?	?	?	Y	Y	no	no	?
Conero	Y	Y	Y	Y	Y	Y	Y	-	Y	Y	Y	Y	Y	Y	?	?	?
Senfina	Y	no	Y	no	Y	Y	-	Y	Y	no	Y	Y	Y	no	no	no	not available
Calanchi di Atri	Y	Y	Y	Y	no	no	Y	-	-	Y	Y	no	Y	Y	Y	no	# 3.000
Grotta Farfalle	no	Y	no	no	no	no	no	-	Y	no	no	no	no	Y	no	no	?
S.Giovanni Venere	Y	Y	no	no	no	no	no	-	no	no	no	no	no	Y	no	no	?
Lecceta Sangro	Y	Y	Y	Y	no	Y	Y	-	no	Y	no	Y	Y	Y	Y	no	3.000
Le Cesine	Y	Y	Y	?	?	?	?	-	?	?	?	?	?	Y	?	?	?
TOTALI	21/22	12/18	13/19	14/17	6/16	12/17	14/17	9/9	13/16	16/19	6/16	13/16	18/20	18/19	6/14	3/14	
Other Protected Areas as check / Altre Aree Protette per controllo campione esterno																	
Isole Ciclopi	Y	Y	Y	Y	Y	Y	Y	Y	Y	no	Y	Y	Y	no	Y	Y	
Penisola Sinis	Y	Y	Y	Y	Y	Y	Y	Y	Y	Y	Y	Y	Y	no	no	Y	
Secche Tor Paterno	Y	Y	Y	no	Y	Y	no	-	-	-	-	Y	Y	-	-	-	

Fonte: Indagine diretta attraverso questionario elaborato sulla base dei dati del volume Ministero Ambiente Tutela Territorio e Mare, *Valutazione dell'efficacia di gestione delle AMP Italiane*, EUT, Trieste 2007.

Tav.4.B Indagine dati socio-economici

Domanda	Yes	risposte	%
Sede e Uffici	21	22	95,5
Centro Visite	12	18	66,7
Cartellonistica di confine e boe	13	19	68,4
Punti iformativi	14	17	82,4
Museo	6	16	37,5
Porti turistici	12	17	70,6
Percorsi turistici terrestri	14	17	82,4
Percorsi turistici marini	5	9	55,6
Pescaturismo	13	15	86,7
Turiso fuori stagione	15	19	78,9
Piani Specifici per il Turismo	6	15	40,0
Impatti ambientali turistici	13	16	81,3
Logo dell'Area Protetta	18	20	90,0
Produzioni tipiche locali	18	19	94,7
Logo utiliizzato come marchio	6	14	42,9
Iscrizione EMAS	3	14	21,4

Gran parte delle strutture poste a base della domanda sono elementi essenziali per il funzionamento della stessa area protetta, altre invece sono interventi che sono promossi dagli organismi di gestione al fine di migliorare la fruibilità da parte dei visitatori o per rendere più accattivante l'immagine dell'area pretta sul mercato turistico. Le ultime due domande sono invece indirizzate a individuare scelte specifiche di gestione che possano avviare formule di auto-finanziamento , la domanda sull'uso del marchio, o efficacia di gestione attraverso la certificazione dei processi utilizzati, la domanda sull'iscrizione all'EMAS.

Il risultato dell'indagine non può che essere parziale e non è in grado di descrivere un quadro effettivo sulla capacità di ogni singola area protetta di essere una opportunità di sviluppo per il territorio.

Tav..4.C Quadro dei risultati percentuali sulle risposte ricevute (indagine diretta)

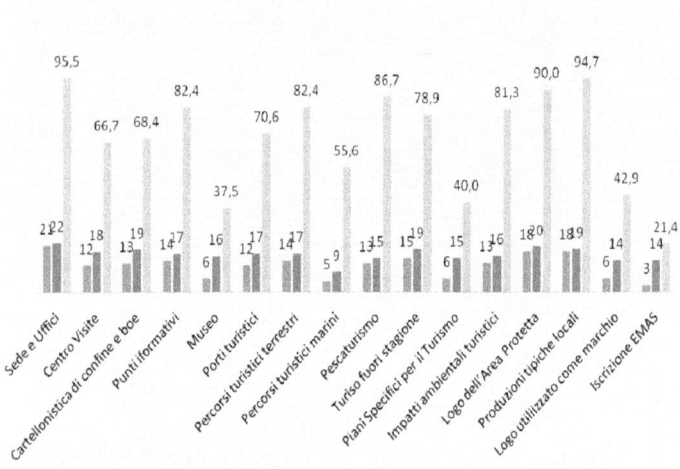

Qualche considerazione si può comunque azzardare guardando l'istogramma riportato nella Tavola 4.C con i valori percentuali calcolati rispetto alle risposte avute.

La quasi totalità delle aree protette possiede una propria sede per l'organismo di gestione e uffici operativi indipendenti nonché un logo, un marchio, che identifica l'area protetta. Solo la metà circa di quelle stesse aree protette, però, affianca agli uffici anche un Cento Visite, poco più della metà, o al logo un utilizzo per identificare un prodotto tipico locale, meno della metà. Eppure la totalità delle aree protette che hanno risposto al questionario possiede sul proprio territorio una attività di servizi al turismo e una produzione di prodotti tipici locali.

Poche, meno della metà, sono le aree protette che hanno elaborato un piano relativo all'attività turistica e pochissime sono le aree protette che hanno avviato una forma di valutazione e controllo del proprio operato con metodi standard quale può essere la iscrizione al registro EMAS.

Conclusioni

Un mare straordinario, con bassa profondità e scarso ricambio di acque, ricco di biodiversità, rifugio di molte forme viventi del Mediterraneo e *"nursery"* per un gran numero di specie ittiche. Questo è l'Adriatico nei suoi aspetti naturali. A tale ricchezza corrisponde un concentrato di culture che in migliaia di anni di storia sulle sue coste ha stratificato e lasciato presenze, reperti, monumenti, tracce e tradizioni patrimonio insostituibile dell'umanità. L'Adriatico è un gioiello, una preziosa fetta del nostro pianeta che andrebbe tutelato e salvaguardato nella sua interezza.

Tanto si sta facendo, in un panorama geopolitico non facile da gestire e in una realtà sociale differenziata per lingue, culture e religioni. Ma non è sufficiente. Negli anni dell'"Antropocene", in particolare nell'ultimo secolo, le condizioni dell'Adriatico sono andate lentamente e costantemente peggiorando sia in termini qualitativi, come presenza di biodiversità e come stato di conservazione dei beni storici e artistici, sia in quantità; le disponibilità di risorse ittiche sono drasticamente crollate e il patrimonio culturale si è andato perdendo man mano che i sistemi di omogeneizzazione delle culture nazionali hanno avuto il sopravvento sugli usi, i costumi e le tradizioni locali.

Le aree protette in genere, parchi, riserve, siti UNESCO, centri storici, monumenti (naturali o architettonici), zone di protezione biologica, giardini botanici, aree archeologiche vincolate, qualunque sia la forma di protezione, sono state le uniche aree dove forme di vincolo e/o accurati sistemi di gestione hanno consentito di mantenere e talvolta migliorare lo stato di conservazione del patrimonio naturale e culturale preesistente.

La protezione puntuale, quella richiamata in più parti con la metafora dell'Arca di Noè, sul versante della conservazione dei beni naturali, della biodiversità, della specie in pericolo di estinzione, incontra sempre maggiori difficoltà. Le aree protette sono sempre più assediate da una utilizzazione del suolo, del mare e delle loro risorse, del tutto incompatibile a qualunque principio di sostenibilità dello sviluppo.

Espansione incontrollata degli agglomerati urbani, irrigidimento delle linee di costa, mancata depurazione delle acque, impianti in mare per l'estrazione o lo stoccaggio di idrocarburi, forme di pesca distruttive degli ecosistemi di fondale, intensificazione dello sforzo di pesca con l'utilizzo di nuove tecnologie, aumento delle attività diportistiche e turistiche oltre la capacità di recupero degli ambienti utilizzati, infrastrutture di trasporto delle merci e/o dell'energia a forte impatto ambientale, attività abusive di vario genere dalla edilizia alla pesca, dagli scarichi ai prelievi di materiale. Sono solo alcuni dei problemi che circondano e, purtroppo, a volte invadono le aree protette costiere e marine dell'Adriatico.

Servirebbe un cambio di rotta radicale, una crescita assai più controllata quando non una decrescita serena, ma per il momento le complessità dei sistemi economici dei Paesi che circondano l'Adriatico non lasciano alcuna speranza su questi fronti.

È importante allora perseguire, oggi, con ancora maggiore decisione le strategie assunte nel contesto internazionale per il breve periodo e agire per ottenere gli obiettivi fissati da CBD e IUCN nell'*"AICHI Target"* per un 10% di mare protetto e per un reale ed efficace *network* di aree protette, efficiente e resiliente, prima del 2020.

Per conservare un minimo di credibilità e di dignità nei confronti delle generazioni future.

Allegato – Carta di Cerrano

CARTA di CERRANO

Costituzione, obiettivi ed interventi del
Network delle Aree Protette costiere e marine del Mar Adriatico
AdriaPAN (Adriatic Protected Areas Network)

Testo adottato all'unanimità l'8 luglio 2008 in Villa Filiani a Pineto (Te) e ratificato, dalle prime dieci aree protette, il 26 settembre 2008 in Porto Caleri di Rosolina (Ro) nel Parco Veneto del Delta del Po

La Carta di Cerrano è costitutiva del "Network delle Aree Protette costiere e marine del Mar Adriatico - AdriaPAN"

Obiettivo principale del Network è l'avvio di un processo tecnico a supporto dei soggetti gestori di aree protette per il raggiungimento, entro il 2012, dell'obiettivo fissato dal World Summit on Sustainable Development (WSSD)[1] di promuovere l'istituzione di reti di aree protette marine e costiere.

In accordo con gli impegni internazionali presi nell'ambito del Summit della Terra (WSSD) tenutosi nel 2002 a Johannesburg e della Convenzione sulla Diversità Biologica (CBD), anche i paesi rivieraschi del Mar Adriatico sono, infatti, chiamati a ridurre la perdita della biodiversità mediante l'identificazione e la progettazione di un sistema regionale di reti (network) di aree costiere e marine ecologicamente e culturalmente rappresentative gestite in maniera efficace, ed a creare le condizioni favorevoli alla realizzazione di tale sistema entro il 2012.

In ottemperanza, poi, alla direttiva europea 2008/56/CE ("Direttiva Quadro sulla Strategia per l'Ambiente Marino" del 17/6/2008), l'attivazione del Network delle Aree Protette costiere e marine del Mar Adriatico - **AdriaPAN** si allinea:
- alla richiesta di attuazione di strategie tematiche – quali per l'appunto quelle svolte dalle aree protette costiere e marine – finalizzate alla gestione delle attività umane che hanno un impatto sull'ecosistema marino e costiero;
- alla richiesta (art. 13, paragrafo 4) di mettere in atto misure di protezione spaziale che contribuiscano alla creazione di reti coerenti e rappresentative di zone marine protette

---

[1] World Summit on Sustainable Development, Plan of Implementation. 31(c): ("sviluppare e facilitare l'uso di diversi approcci e strumenti, includendo ... la costituzione di aree marine protette in accordo con le leggi internazionali e basate su informazioni scientifiche compresi networks rappresentativi, entro il 2012"...

Aderiscono volontariamente al Network delle Aree Protette costiere e marine del Mar Adriatico - **AdriaPAN** i soggetti gestori delle aree protette marine e quelle costiere il cui perimetro è in parte a contatto con il mare,[2] caratterizzate da problematiche comuni e condivise connesse con la tutela e la corretta fruizione delle peculiarità del mare e della costa adriatiche. Esse costituiscono i "**nodi**" del Network.

La Carta nasce dall'esigenza, fortemente percepita, di un programma di coordinamento delle azioni riguardanti la gestione di aree protette marine e costiere del Mar Adriatico.

L'Adriatico ha da sempre rappresentato un collegamento tra terre e culture diverse, dove sono stati trovati linguaggi comuni, nuove forme di commercio e dove, forse più che altrove, la linea di costa ha rappresentato- nel bene e nel male - l'identità e la ricerca di uno sviluppo transfrontaliero. Per un consolidamento della coesione socio-economica dell'ecoregione adriatica[3] è indispensabile considerare il rispetto ambientale quale elemento strutturale nella preparazione e nell'adozione di piani e programmi, con particolare riguardo alle aree più sensibili e vulnerabili, quali sono quelle della fascia costiera, dove si concentrano attività economiche che causano una forte pressione sulle risorse ambientali.

Per un'adeguata gestione delle aree protette costiere e marine dell'Adriatico è quindi necessario:
- definire le priorità di conservazione della biodiversità dell'ecoregione marina e costiera adriatica, anche per mezzo di valutazioni di *gap analysis*;
- identificare i portatori di interesse ed il loro livello di dipendenza dalle risorse dell'ambiente (ad esempio coloro che operano nel settore ittico e nel turismo);
- coinvolgere i soggetti locali, pubblici e privati, in strategie ed obiettivi di tutela comuni e condivisi, al fine di promuovere nelle aree protette uno sviluppo sostenibile;

---

[2] Secretariat of the Convention on Biological Diversity (2004). TECHNICAL ADVICE ON THE ESTABLISHMENT AND MANAGEMENT OF A NATIONAL SYSTEM OF MARINE AND COASTAL PROTECTED AREAS, SCBD, 40 pages (CBD Technical Series no. 13).

[3] An Ecoregion is a large unit of land or water containing a geographically distinct assemblage of species, natural communities, and environmental conditions. The boundaries of an ecoregion encompass an area within which important ecological and evolutionary processes most strongly interact" (WWF 2003). Ecoregion conservation "is an evolution in thinking, planning, and acting at the spatial and temporal scales best suited for successful biodiversity conservation".

- identificare i rischi legati alla perpetrazione di pratiche illegali nei confronti dell'ambiente marino e costiero, quindi richiamare le istituzioni al fine di sollecitarne l'effettivo intervento;
- promuovere una gestione delle aree protette sulla base di standard e protocolli di gestione comuni e condivisi;
- divulgare la conoscenza e l'apprezzamento delle specificità ambientali, socio-economiche e culturali (materiali ed immateriali) dell'Adriatico;
- evidenziare e promuovere il ruolo delle aree protette costiere e marine nel contribuire alle priorità nazionali di conservazione dell'ambiente e della biodiversità e/o di riduzione della povertà;
- diffondere ed applicare i concetti della gestione integrata della fascia costiera e del mare, anche e soprattutto alla luce dei cambiamenti climatici già in atto;
- comprendere i processi politici e amministrativi che portano alla creazione di nuove aree protette costiere e marine e promuovere l'istituzione di nuove aree protette al fine di ampliare la rete di parchi e riserve, con particolare attenzione a sostenere la tutela di tipologie ambientali ancora poco rappresentate;
- individuare e concretizzare le opportunità di finanziamento nazionali e internazionali in sostegno delle aree protette costiere e marine e del funzionamento del Network.

All'interno del contesto descritto, e per contribuire alla soddisfazione delle esigenze individuate per l'ecoregione adriatica, la rete **AdriaPAN** si propone come parte di un più ampio network delle aree protette del Mediterraneo e di altre reti che accomunano le aree protette europee, ponendosi come interlocutore in rappresentanza e a sostegno delle peculiarità ecologiche, culturali ed economiche che caratterizzano il mare e le coste dell'Adriatico.

Le reti di aree protette, o ad alto valore ambientale, già operanti nel Mediterraneo, quali: la rete dei gestori di aree marine protette nel Mediterraneo - MedPAN (http://www.medpan.org/), le aree SPAMI (Aree a Protezione Speciale Importanti per il Mediterraneo), la rete di siti Natura 2000, le zone umide costiere Ramsar, le riserve MAB (Man And Biosphere) ecc., ma anche la rete delle aree protette aderenti a Europarc sono, quindi, un punto di riferimento della rete AdriaPAN, così come il lavoro svolto da Associazioni singolari come DeltachiamaDelta e DeltaMed.

AdriaPAN non può che interfacciarsi anche con reti esistenti e rappresentative del "mondo Adriatico", anche se non finalizzate unicamente alle problematiche ambientali e gestionali di aree protette o ad alto valore ambientale, quale la rete dell'associazione "**Euroregione Adriatica**".

Un ulteriore punto di riferimento per l'attività di **AdriaPAN** saranno i protocolli e gli strumenti messi a disposizione da istituzioni europee e internazionali finalizzate alla efficienza gestionale degli enti gestori delle aree protette, nonché alla gestione integrata e sostenibile del territorio, quale l'ICZM (*Integrated Coastal Zone Management*), la Carta Europea per il Turismo Sostenibile, l'Ecolabel, l'EMAS e la Carta della Sardegna dell'UNEP PAP/RAC, o strumenti più locali come le "Linee Guida del Master Plan della costa del Parco del Delta del Po".

Le aree protette costiere e marine che sottoscrivono la Carta di Cerrano si impegnano a partecipare effettivamente alla conservazione di ambienti marini e costieri dell'Adriatico, contribuendo alla salvaguardia di habitat ed ecosistemi in buono stato di salute, che preservino le caratteristiche del mare e delle coste, apportando un beneficio per le comunità costiere, come quelle che dipendono prevalentemente dalla pesca o dal turismo.

Gli obiettivi specifici della rete **AdriaPAN** sono, quindi, i seguenti :
1. mettere in rete i gestori di aree protette costiere e marine, creando sinergie tra di loro e costituendo un archivio di tutti i soggetti che gestiscono, o sono coinvolti, nella gestione di aree protette o aree ad alto valore ambientale delle coste o del Mar Adriatico;
2. promuovere scambi di informazioni tecniche e istituzionali tra i membri della rete;
3. contribuire a migliorare la gestione delle aree protette costiere e marine mediante l'attuazione di iniziative di interesse comune per gli enti gestori, tra cui il miglioramento e la diffusione delle conoscenze e delle tecniche per la gestione e l'utilizzo di standard e protocolli di gestione comuni e condivisi;
4. rispondere alle aspettative di altri attori coinvolti nella gestione di aree protette (autorità competenti, portatori di interessi, ...);
5. assistere i gestori di ogni singola area protetta affinché possano gestire la loro area come parte di un network;
6. promuovere ricerche finalizzate alla conoscenza sia dell'ecologia dell'Adriatico nel suo insieme sia dei rapporti "fisici" e culturali tra i nodi del network, con particolare riguardo a:
    * raccolta di informazioni sulla biodiversità e la distribuzione degli habitat marini e di quelli costieri dell'Adriatico;
    * raccolta di informazioni sugli aspetti ecologici, ma anche a quelli socio-economici e culturali delle coste adriatiche;
    * utilizzo di sistemi informativi georeferenziati standardizzati a supporto alle decisioni e utili al monitoraggio, che includano l'uso di indicatori a supporto della gestione;

- sviluppare il concetto di centri di informazione da disseminare e rendere disponibili per il pubblico;
7. promuovere la cultura locale e la salvaguardia delle tradizioni di gestione del mare e degli ambienti costieri;
8. contribuire alla ricerca ed alla concretizzazione di finanziamenti necessari per la realizzazione degli obiettivi qui previsti.

Le **Azioni prioritarie** della rete **AdriaPAN** sono :
In relazione all'attuazione degli obiettivi specifici citati, le attività prioritarie che verranno intraprese da AdriaPAN sono:
1. garantire l'attività di segretariato informativo e di primo coordinamento tra i nodi del network;
2. creare e mantenere un archivio di aree protette marine e costiere adriatiche secondo la metodologia sviluppata da WWF, RAC SPA e IUCN-Med;
3. realizzare un'indagine finalizzata a capire, per ogni area protetta aderente alla Carta, se il processo istitutivo è avvenuto in maniera partecipata tra i soggetti pubblici preposti e i soggetti locali nonché a verificare quali sono le modalità organizzative e di gestione attuali e se queste fanno riferimento a protocolli e iniziative che prevedono la partecipazione tra ente gestore e altri soggetti pubblici e privati;
4. attivare la mappatura e la valutazione della tipologia di governance e di qualità di gestione adottata in ciascuna area protetta marina e costiera adriatica;
5. sviluppare progettualità per finanziamenti con strumenti nazionali ed internazionali.

I soggetti sottoscrittori della presente Carta di Cerrano si impegnano a costituire una struttura di coordinamento, indirizzo e promozione finalizzata al funzionamento della rete AdriaPAN (Adriatic Protected Areas Network), sistema integrato delle Aree Protette costiere e marine dell'Adriatico, nella forma di associazione.

Il numero delle istituzioni facenti parte della rete **AdriaPAN** potrà essere ampliato, senza limitazioni geografiche, con l'obiettivo di promuovere politiche di sistema a sostegno di azioni economiche sostenibili condotte con il metodo della partecipazione e condivisione dei problemi locali ed ecoregionali.

Proposta in Villa Filiani- Pineto (Te), il 8 luglio 2008
Ratificata in Porto Caleri di Rosolina (Ro)- Parco Veneto del Delta del Po, il
26 settembre 2008.

CERRANO CHARTER

The Cerrano Charter sets the basis for the establishment of the Network of Marine and Coastal Protected Areas in the Adriatic Sea, or "AdriaPAN Network": constitution, objectives and interventions.

Text adopted unanimously on July 8th, 2008 in Villa Filiani in Pineto (TE) Italy, "Torre del Cerrano" Marine Protected Area

Definitions

Pursuant to this charter, the terms below have the following meanings:
- **Marine and Coastal Protected Area** means any defined area within or adjacent to the marine environment, together with its overlying waters and associated flora, fauna, and historical and cultural features, which has been reserved by legislation or other effective means, including custom, with the effect that its marine and/or coastal biodiversity enjoys a higher level of protection than its surroundings.
- **Adriatic network** means a group of Marine and/or Coastal Protected Areas maintaining a coherent ensemble of critical habitats necessary for dynamic functioning of ecological processes, which are essential for the biodiversity and regeneration of natural resources in the Mediterranean sea.
- An **Ecoregion** is a large unit of land or water containing a geographically distinct assemblage of species, natural communities, and environmental conditions. The boundaries of an ecoregion encompass an area within which important ecological and evolutionary processes most strongly interact" (WWF 2003). Ecoregion conservation "is an evolution in thinking, planning, and acting at the spatial and temporal scales best suited for successful biodiversity conservation"

Main objective

The main objective of the AdriaPAN network is to initiate a technical process in support of all MPAs managers, aimed at speeding up the achievement of the goal set during the World Summit on Sustainable Development (WSSD)[1] to establish networks of Marine and Coastal Protected Areas by 2012.

---

[1] World Summit on Sustainable Development, Plan of Implementation. 31(c): ("sviluppare e facilitare l'uso di diversi approcci e strumenti, includendo ... la costituzione di aree marine protette

In accordance with such an international commitment, as well as with the Convention on Biological Diversity (CBD), the countries bordering the Adriatic Sea are called upon to halt marine and coastal biodiversity loss through the identification and design of a system of regional networks of ecologically and culturally representative coastal protected areas, managed effectively, and to create the conditions necessary to achieving such a system by 2012.

In compliance with the European Directive 2008/56/CE *("Framework Directive on Strategy for the Marine Environment", 17/6/2008)*, the activation of the Network of Marine and Coastal Protected Areas in the Adriatic Sea - AdriaPAN aligns with:
- The demand for implementation of thematic strategies - which are precisely those undertaken by the Marine and Coastal Protected Areas - for the management of human activities that have an impact on marine and coastal ecosystems;
- The request (Article 13, paragraph 4) to implement conservation measures that can contribute to the establishment of coherent and ecologically representative networks of Marine and Coastal Protected Areas.

Managers of Marine and Coastal Protected Areas and of coastal protected areas whose perimeter is partly in contact with the Adriatic sea,[2] characterized by shared common concerns linked with the protection and proper fruition the Adriatic Sea and coast, voluntarily adhere to the Network of Marine and Coastal Protected Areas of the Adriatic Sea - AdriaPAN. They constitute the "nodes" (nodi) of the network.

The Charter stems from a strong need for coordination among all actions related to the management of Marine and Coastal Protected Areas in the Adriatic Sea.

The Adriatic Sea has always represented an area where different lands and cultures found a common language, new forms of commerce and where, perhaps more than elsewhere, the coastline represented the search for a cross-border cooperation and development. In order to further the socio-economic consolidation and cohesion of the Adriatic ecoregion it is essential to consider the conservation of the marine and coastal environment as the main pillar (structural element) of any plan or programme, with a special emphasis on the most sensitive and vulnerable areas, most notably the

---

in accordo con le leggi internazionali e basate su informazioni scientifiche compresi networks rappresentativi, entro il 2012"...

[2] Secretariat of the Convention on Biological Diversity (2004). TECHNICAL ADVICE ON THE ESTABLISHMENT AND MANAGEMENT OF A NATIONAL SYSTEM OF MARINE AND COASTAL PROTECTED AREAS, SCBD, 40 pages (CBD Technical Series no. 13).

coastline, where most economic activities are concentrated and where natural resources are most compromised.

To ensure the proper management of Marine and Coastal Protected Areas in the Adriatic Sea it is therefore necessary:
- To define priorities for the conservation of key marine and coastal biodiversity features of the Adriatic, including through gap analyses;
- To identify the stakeholders and their level of dependence on the natural resources (such as those operating in the fisheries sector and in tourism);
- To engage local actors, both public and private, in common conservation strategies aimed at promoting sustainable development in and in the vicinity of the protected areas;
- To identify all risks caused by illegal practices and then call on the relevant institutions for their intervention;
- To promote the management of the Marine and Coastal Protected Areas on the basis of common standards and protocols;
- To disseminate knowledge and the comprehension of the environmental, socio-economic and cultural (tangible and intangible) values of the Adriatic Sea and coasts;
- To promote the role of protected areas as an effective tool to achieve national conservation priorities, contribute to the halt of biodiversity loss and the reduction of poverty;
- To disseminate and apply the concepts of integrated coastal and marine areas management;
- To understand the political and administrative processes that lead to the creation of Marine and Coastal Protected Areas and promote the establishment of new Marine and Coastal Protected Areas in order to expand the network, with a special regard to those biodiversity features still underrepresented of environmental protection still little represented;
- To identify funding opportunities in support to the Marine and Coastal Protected Areas and the operation of the network.

The AdriaPAN network is an integral part of the network of Marine and Coastal Protected Areas managers in the Mediterranean – MedPAN. Within such a network, AdriaPAN represents and promotes the ecological, cultural and economic specificities of the Adriatic sea and coasts. The existing networks of protected areas in the Mediterranean, such as MedPAN, the SPAMI list (Special Protected Areas of Mediterranean Importance), the network of Natura 2000 sites, the network of Ramsar sites, the UNESCO Man and Biosphere reserves, and the network of protected areas belonging to Europarc, represent a reference for the AdriaPAN network.

The AdriaPAN network interfaces with existing networks that are representative of the Adriatic that do not address environmental issues exclusively, such as the Adriatic Euroregion network.

The protocols and tools made available by European and international institutions on MPA management and integrated coastal and marine areas management, such as ICZM Recommendation of the European Commission, the European Charter for Sustainable Tourism, the EC Eco-label, EMAS, represent other elements of reference for the future activities of AdriaPAN.

The Marine and Coastal Protected Areas adhering to the Charter of Cerrano commit to actively contributing to the protection of the marine and coastal environment in the Adriatic ecoregion, to safeguarding such habitats and ecosystems and ensuring their good environmental status as well as the flux of benefits to the coastal communities which still depend on natural resources.

Specific objectives

The specific objectives of the network AdriaPAN are, therefore, the following:
- To ensure the networking of Mediterranean MPAs and create synergies between them;
- To promote technical and institutional exchange between members of the network;
- To facilitate the implementation of concrete actions of common interest to managers, able to contribute to the improvement of Mediterranean MPA management, particularly through improving the dissemination of knowledge and management techniques of these protected areas;
- To facilitate fund raising for the implementation of these actions;
- To meet the technical needs of the other stakeholders involved in the management of Marine and Coastal Protected Areas in the region;
- To encourage the development of the network of Mediterranean marine and coastal protected areas.
- To assist managers of each protected area so that they can manage their area as part of a network;
- To promote the research of the ecological aspects of the Adriatic sea as a whole as well as of the physical and cultural linkages between the "nodes" in the network, with a special regard to:

- collection of information on biological diversity and distribution of marine and coastal habitats;
- collection of information on ecological, socio-economic and cultural aspects of the Adriatic coasts;
- use of GIS systems in support to the decision-making processes, the management and monitoring, including the use of indicators;
- develop the concept of information hubs to disseminate and make available to the public;
- To promote and safeguard local traditions related to the management of the sea and coastal environments;
- To fund raise to achieve the goals set here.

Priority actions

The priority actions of network AdriaPAN are:
- To ensure information flow and coordination among the "nodes" of the network;
- To create and maintain an archive of all Marine and Coastal Protected Areas in the Adriatic in accordance with the methodology developed by WWF, IUCN-Med and UNEP Regional Activity Centre for Specially Protected Areas (RAC/SPA);
- To run a preliminary survey to understand whether each protected area adhering to the Charter was established through participatory process and verify whether the management is done according to commonly shared protocols and initiatives aimed an engaging local stakeholders;
- To map and evaluate the governance and management of each marine Protected area in the Adriatic;
- To develop projects and fund raise.

Those undersigning this Cerrano Charter are committed to establishing a structure that will coordinate, guide and promote the integrated system of Marine and Coastal Protected Areas in the Adriatic in the form of an association.

The number of institutions that can be part of AdriaPAN network can be expanded without geographical restrictions, as long as the objective of promoting sustainable development through participatory process is ensured.

Opened to the subscription 26th of September 2008
Porto Caleri di Rosolina (Rovigo-Ita) Regional Park "Delta del Po Veneto".

Bibliografia

AA.VV., *Cerrano Ieri e Oggi*, Amministrazione Provinciale di Teramo, Teramo 1983.

AA.VV., *Dalla Valle del Piomba alla Valle del basso Pescara*, Documenti dell'Abruzzo Teramano, Fondazione Cassa di Risparmio di Teramo, CARSA Edizioni, Pescara 2001.

ABDULLA A., GOMEI M., MAISON E. e PIANTE C., *Status of Marine Protected Areas in the Mediterranean Sea*, IUCN Malaga e WWF France, Gland-SUI 2008.

AGNESI S., DI NORA T., MO G., TUNESI L., *Esperienza metodologica di analisi dei dati per lo studio della nautica da diporto nell'area marina protetta di Capo Carbonara*. Biol. Mar. Mediterr. 13(1). 2006. pp.672-676.

ALBERTAZZI B. e TREZZINI F., *Gestione e tutela delle acque dall'inquinamento*, EPC libri, Roma 1999.

ARIMONDO M., LUSETTI M., MINARDI E., *Natura e Loisir*, Franco Angeli, Milano 1998.

AUGE' M., *Il bello della bicicletta*, Bollati Boringhieri, Torino 2009.

BALLINGER P., *La frantumazione dello spazio adriatico*, in COCCO E. e MINARDI E. (a cura di), *Immaginare l'adriatico. Contributi alla riscoperta sociale di uno spazio di frontiera*, Franco Angeli, Milano 2009.

BARUCCI P., *Movimento turistico ed Istituzioni: una doppia crisi*, in ENIT-ISTAT, *Rapporto sul Turismo Italiano 2004-2005*, Firenze 2004.

BECHERI E., *I turismi*, in Mercury-ENIT-ISTAT, *Rapporto sul Turismo Italiano 2004-2005*, Firenze 2004.

BENEVOLO L., *Storia dell'Architettura Moderna*, Laterza, Bari 1990.

BENCARDINO F. e PREZIOSO M., *Geografia del Turismo*, McGraw-Hill, Milano 2007.

BERTAMI F., *Coste da salvare*, in: «Costruire», n.170 luglio-agosto 1997, Roma 1997.

BIZZARRI C., *Strumenti economici per l'internalizzazione dei costi ambientali*, in CARDINALE B. (a cura di), *Mobilità traffico urbano e qualità della vita politiche e dinamiche territoriali*, Franco Angeli, DEST 304.3, Milano 2004.

BORACCHIA V. e PAOLILLO P.L. (a cura di), *Territorio sistema complesso*, Franco Angeli, Milano 1993.

BRAUDEL F., *The Mediterranean and the Mediterranean world*, Vol.I, Harper Perennial, New York, 1972.

BRUGNOLO I. e SANNA G., *Simulimpresa. L'esperienza trentina nella formazione professionale*, Franco Angeli, Roma 2008.

BRUNDTLAND G.H., *Our Common Future, Report World Commission on Environment and Development*, UNEP- Oxford University Press, London-UK 1987.

CAFFIO F., *Glossario di Diritto del Mare*, Rivista Marittima 2006, in: www.marina.difesa.it/editoria (20.12.2008).

CALZOLAIO A., *Il Piano del Parco*, Ricerche & Redazioni, Teramo 2007.

CANU A., *Rapporto sulle Aree Protette*, WWF, Roma 2006.

CARDINALE B. (a cura di), *Sviluppo Glo-cale e società nei Paesi del sistema Adriatico*, Atti Convegno Internazionale 9-11 giugno 2004 Teramo, Società Geografica Italiana-Università di Teramo-Università "G.D'Annunzio" Chieti-Pescara, Memorie S.G.I. Volume LXXVII, Roma 2006.

CARDINALE B., *Tourism and Regionalisation. Environmental, Tourist and Cultural Districts in the "Parco Gran Sasso-Monti della Laga"*, in «ANALELE UNIVERSITĂŢII DIN ORADEA», Serie GEOGRAFIE, Editura Universităţii Din Oradea, Tom XVII, 2007.

CARDINALE B., *I Distretti Ambientali Turistico Culturali del Parco nazionale Gran Sasso e Monti della Laga*, in: MAURO G., *Economia della Provincia di Teramo*, Franco Angeli, Milano, 2008.

CARDINALE B., *Mobilità delle merci e sostenibilità urbana, dinamiche territoriali e politiche di intervento*, Pàtron Editore, Bologna, 2009.

CARGINI D., MOSCA F., NARCISI V., CALZETTA A., TISCAR P.G., *Valutazione dello stato dello stock di Chamelea gallina (L. 1758) nel tratto di mare antistante l'istituenda Area Marina Protetta "Torre di Cerrano" (Teramo, Italia)*, Quaderno n°2, Atti del Progetto OASIS, NPPA Interreg-Cards/Phare "O.A.S.I.S."cod.112, Teramo 2008.

CATTANEO VIETTI R. e TUNESI L. , *Le Aree Marine Protette in Italia, problemi e prospettive*, Aracne, Roma 2007.

CERUTI G., *Aree Naturali Protette. Commentario alla legge n.394/1991. Documenti*, Editoriale Domus, Milano 1993.

CESTARI M., *Genius Loci, la radice dei turismo sostenibile*, Maschietto Editore, Firenze 2007.

CESTARI M., *Genius Loci, dall'identità locale al marketing turistico*, in VALLAROLA F. (a cura di), *Aree Protette Costiere e Marine*, EditPress, AIDAP- AMP Torre del Cerrano- AMP Miramare, Teramo 2009.

CIVITARESE MATTEUCCI S., *Governo del territorio e ambiente*, in ROSSI G. (a cura di), *Diritto dell'Ambiente*, Giappichelli Editore, Torino 2008.

CNR-ISMAR, *Miglioramento e tutela della qualità dell'ambiente marino*, Quaderni di OASIS n.12, NPPA Interreg- Cards/Phare "O.A.S.I.S."cod.112, Teramo 2008.

COCCO E., *Metamofosi dell'Adriatico Orientale*, Homeless Book, Faenza, 2001.

COCCO E. e MINARDI E. (a cura di), *Immaginare l'adriatico. Contributi alla riscoperta sociale di uno spazio di frontiera*, Franco Angeli, Milano 2009.

COLETTI R., *La cooperazione transfrontaliera in Europa come strumento di governance multilivello delle aree di frontiera*, in SCARPELLI L. (a cura di), *Organizzazione del Territorio e governance multilivello*, Patron Editore, Bologna 2009.

CONTI S., DE MATTEIS G., LANZA C., NANO F., *Geografia dell'Econmia Mondiale*, UTET, Novara 2006.

CORI B. e LEMMI E. (a cura di), *Spatial Dynamics of Mediterranean Coastal Regions*, Paron Editore, Bologna 2002.

CORTE dei CONTI -Sezione di controllo per la regione siciliana-, *Relazione sull'esito dell'indagine sulla gestione delle Aree Marine Protette*, Testo presentato alla Sezione di Controllo di Palermo il 18 ottobre 2007, Conv.n.68/2007/Contr. del 2 ottobre 2007.

CRESA, *Il Turismo in Abruzzo*, Regione Abruzzo, L'Aquila, 1995.

CRESA, *Il Distretto della Strada Maestra*, PNGSL-CRESA, L'Aquila 2007.

D'AMORE F., PETRILLO P.L. e SEVERINO F. (a cura di), *Ambiente, turismo e competitività sostenibile. Come rendere la tutela ambientale un moltiplicatore di sviluppo locale*, Ricerca I-com – Ministero Ambiente e Tutela del Territorio e del Mare, Rubettino Editore, Roma 2009.

DE ASCENTIIS A., *Le regine delle Dune: Guida alla piante vascolari del litorale di Pineto*, Provincia di Teramo-WWF Italia, Teramo 2005.

DE BERNARDI A. e GANAPINI L., *Storia d'Italia 1860–1995*, Mondadori, Milano 1996.

DE MARCHI B., PELLIZZONI L., UNGARO D., *Il rischio ambientale*, Il Mulino, Bologna2001.

DI LORETO U., *Impenditoria no profit nelle aree marine protette*, in VALLAROLA F. (a cura di), *Aree Protette Costiere e Marine*, EditPress, AIDAP- AMP Torre del Cerrano- AMP Miramare, Teramo 2009.

DI NORA T., AGNESI S., TUNESI L., *Planning of marine protected areas: useful elements to identify the most relevant scuba-diving sites*. Rapp. Comm. int. Mer Médit., 38: 665, 2007.

DI PLINIO G., *Diritto pubblico dell'ambiente e aree naturali protette*, Utet libreria, Torino 1994.

DI PLINIO G., *Tavola Rotonda*, in: CARDINALE B. (a cura di), *Sviluppo Glo-cale e società nei Paesi del sistema Adriatico*, Atti Convegno Internazionale 9-11 giugno 2004 Teramo, Società Geografica Italiana-Università di Teramo-Università "G.D'Annunzio" Chieti-Pescara, Memorie S.G.I. Volume LXXVII, Roma 2006.

DI NORA T. e AGNESI S., *Supporto decisionale per le aree marine protette mediante GIS*, in VALLAROLA F. (a cura di), *Aree Protette Costiere e Marine*, EditPress, AIDAP- AMP Torre del Cerrano- AMP Miramare, Teramo 2009.

DIVIACCO G., *Aree Protette Marine, finalità e gestione*, ComunicAzione Edizioni, Forlì 1999.

FERRAJOLO O., *Le aree specialmente protette del Mediterraneo*, in MARCHISIO S. (a cura di), *Codice delle Aree Protette*, Giuffrè Editore, Milano 1999

FERRAJOLO O., *Le aree protette marine tra obblighi internazionali diritto italiano*, in GRAZIANI C.A. (a cura di), *Un'utopia istituzionale: le aree naturali protette a dieci anni dalla legge quadro*, Giuffrè Editore, Milano 2002.

FONDERICO F., *Informazioni- Parte III- Introduzione*, in ROSSI G. (a cura di), *Diritto dell'Ambiente*, Giappichelli Editore, Torino 2008.

FRANCHINI D. (a cura di), *Pianificazione delle Aree Costiere*, CISIAC-Guerini&Associati, Milano1988.

FRANZOSINI C., *L'efficacia di gestione delle Amp come sistema di verifica e coordinamento internazionale*, in VALLAROLA F. (a cura di), *Aree Protette Costiere e Marine*, EditPress, AIDAP- AMP Torre del Cerrano- AMP Miramare, Teramo 2009.

GAMBINO R., *Parchi Naturali*, NIS Nuova Italia Scientifica, Roma 1991.

GEMMITI R. e CONTI PUORGER A., *Governo, governance, sussidiarietà e territorio*, in SCARPELLI L. (a cura di), *Organizzazione del Territorio e governance multilivello*, Patron Editore, Bologna 2009.

GON D., *Verso Est uno sguardo alla geopolitia dell'Adriatico*, in COCCO E. e MINARDI E. (a cura di), *Immaginare l'adriatico. Contributi alla riscoperta sociale di uno spazio di frontiera*, Franco Angeli, Milano 2009.

GRANZOTTO A., LIBRALATO S., RAICEVICH S., GIOVANARDI O., PRANOVI F. (a cura di), *Analisi dello stato delle risorse alieutiche dell'alto Adriatico mediante le serie storiche di sbarcato*, in: Biologia Marina Mediterranea, n.13 (1). 2006.

GRECO N., *Le Aree marine protette nel quadro della Gestione integrata delle coste*, in ROSSI Gianluca (a cura di), *Diritto dell'Ambiente*, Giappichelli Editore, Torino 2008.

GIACOMINI V. e ROMANI V., *Uomini e Parchi*, Franco Angeli, Milano 1982.

GUIDETTI P., MILAZZO M., BUSSOTTI S., MOLINARI A., MURENU M., PAIS A., SPANO' N., BALZANO R., AGARDY T., BOERO F., CARRADA G., CATTANEO-VIETTI R., CAU A., CHEMELLO R., GRECO S., MANGANARO A., NOTARBARTOLO DI SCIARA G., FULVIO RUSSO G., TUNESI L., *Italian marine reserve effectiveness:Does enforcement matter?*, in Biological Conservation n.141, Elsevier Ltd., 2008. pp.699-709.

HOCKINGS M., STOLTON S., LEVERINGTON F., DUDLEY N., COURRAU J., *Evaluating Effectiveness: A framework for assessing management effectiveness of protected areas*, 2nd edition. IUCN, Gland, Switzerland and Cambridge-UK 2006.

IANNI V. e TOIGO M., *L'impegno della Regione Marche per la solidarietà e la cooperazione internazionale*, Regione Marche- Movimondo, Ancona 2002.

ICRAM, *Qualità degli Ambienti Marini Costieri Italiani 1996-1999*, Ministero Ambiente-Servizio Difesa Mare, Roma 2000.

IELARDI G., *Proteggiamo la natura eredità del futuro*, Federparchi, Roma 2008.

ILLCH I., *Energie et Equitè*, in LA CECLA F. (a cura di), *Elogio della bicicletta*, Bollati Boringhieri, Torino 1973.

IUCN-World Commission on Protected Areas, *Establishing Marine Protected Area Networks- Making It Happen*, IUCN-WCPA, National Oceanic and Atmospheric Administration, The Nature Conservancy, Washington D.C.-USA 2008.

JOVANOVIC B., *Tra urbano e rurale: lo sviluppo del turismo sostenibile nella regione adriatico meridionale e ionica*, in COCCO E. e MINARDI E. (a cura di), *Immaginare l'adriatico. Contributi alla riscoperta sociale di uno spazio di frontiera*, Franco Angeli, Milano 2009.

LABATUT B., *Acquacoltura*, FAO 2008, in: www.fao.org/news (06.10.2008).

MAMMARELLA L. (1993), *Piazzeforti e Torri Costiere*, Borgia Editore, Roma.

MARCHISIO S., DELLA FINA V., FERRAJOLO O., SALBERINI G., TAMBURELLI G., *Codice delle Aree Protette*, Giuffrè Editore, Milano 1999.

MASSIMI G., *Movimenti virtuali di popolazione (1861-1991). La componente altimetrica*, in: LANDINI P. (a cura di), *Abruzzo. Un modello di Sviluppo Regionale*, Società Geografica Italiana, Roma 1991.

McINTYRE G., *Sustainable Development, Guide for Local Planners*, World Tourist Organization, Madrid-ESP 1993.

MATTM, *Il manuale del buon diportista in barca nelle aree protette*, Ministero Ambiente Territorio e Tutela del Mare-UCINA-Legambiente, Roma 2008.

MATTM, *Valutazione dell'efficacia di gestione delle Aree Marine Protette italiane*, Ministero dell'Ambiente e Tutela del territorio e del Mare- WWFItalia-Federparchi, EUT Edizioni Università Trieste, Trieste 2007.

Mercury-ENIT-ISTAT, *Rapporto sul Turismo Italiano 2004-2005*, Firenze 2004.

Mercury- Osservatorio Parlamentare Turismo- Ministro del Turismo, *Rapporto sul Turismo Italiano 2008-2009*, Franco Angeli, Milano 2009.

MINARDI E., *Verso l'Euroregione adriatica. Le azioi possibili per la cooperazione e lo sviluppo della regione*, in COCCO E. e MINARDI E. (a cura di), *Immaginare l'adriatico. Contributi alla riscoperta sociale di uno spazio di frontiera*, Franco Angeli, Milano 2009.

MOSCHINI R. (a cura di), *Aree protette e nautica sostenibile*, Edizioni ETS, Pisa 2009.

MOSCHINI R., *Le istituzioni e la gestione delle aree protette*, Numero speciale di quaderni del Parco di Migliarino San Rossore Massaciuccoli, Centro Studi Valerio Giacomini, Suppl. Toscana Parchi n.8, Pisa 2004.

MOSCHINI R., *Parchi, a che punto siamo?*, Edizioni ETS, Pisa 2006.

NAVIGLIO L., *Strumenti per la gestione sostenibile di aree costiere*, in VALLAROLA F. (a cura di), *Aree Protette Costiere e Marine*, EditPress, AIDAP- AMP Torre del Cerrano- AMP Miramare, Teramo 2009.

NASTI A. e MARINO D., *Aree marine protette e pesca: alla ricerca della governance*, in Atti del Convegno Siracusa 5 dicembre 2008, *Aree marine protette e Pesca: alla ricerca delle buone pratiche condivise*, ANFE Sicilia- ARPA Sicilia-LANDS Onlus, Siracusa 2009.

NOTARBARTOLO di SCIARA G., *Foreword*, in: PIANTE C., ABDULLA A., GOMEI M., MAISON E., *Status of Marine Protected Areas in the Mediterranean Sea*, IUCN Malaga e WWF France, Gland-SUI 2008.

OLIVIERI V., *L'attività nautica e di pesca e l'ecosistema marino: fattori di minaccia alla conservazione di Cetacei e Tartarughe*, in VALLAROLA F. (a cura di), *Aree Protette Costiere e Marine*, EditPress, AIDAP- AMP Torre del Cerrano- AMP Miramare, Teramo 2009.

OCSE, *Atto Unico Europeo*, Parigi-FRA 1975.

ORT-Osservatorio Regionale sul Turismo, *Dati di sintesi sul turismo regionale 1999*, Regione Abruzzo, Pescara 2000.

PARLAMENTO ITALIANO, COMMISSIONE VIII-Ambiente, territorio, lavori pubblici, *Sistema di gestione amministrativa degli Enti Parco nazionali*, Atti parlamentari XIV legislatura, Indagini conoscitive e documentazioni legislative n.13, Camera dei Deputati, Roma 2004.

PERSI P., *Territori Contesi, campi del sapere, identità locali, istituzioni, progettualità paesistica*, Istituto Interfacoltà di Geografia Università di Urbino "Carlo Bo"- AIIG Marche - Comune di Pollenza (Mc), Urbino 2009.

PIANTE C., ABDULLA A., GOMEI M., MAISON E., *Status of Marine Protected Areas in the Mediterranean Sea*, IUCN Malaga e WWF France, Gland-SUI 2008.

POLCI S., GAMBASSI R., *Un turismo di prossimità (anche culturale?)*, in ENIT-ISTAT, *Rapporto sul Turismo Italiano 2004-2005*, Firenze 2006.

RAICEVICH S., FORTIBUONI T., GIOVANARDI O., *Integrazione di fonti storiche, statistiche, antropologiche e scientifiche per individuare l'estirpazione di specie marine minacciate nel Mediterraneo*, in GERTWAGEN R., RAICEVICH S., FORTIBUONI T. e GIOVANARDI O. (a cura di), *Il mare, Com'era, Le interazioni tra uomo e ambiente nel Mediterraneo dall'Epoca Romana al XIX secolo*, Atti II Workshop Internazionale HMAP del Mediterraneo e Mar Nero, Chioggia 27-29 settembre 2006, Supplemento ai quaderni ex-ICRAM, ISPRA Chioggia, Venezia 2008.

RAVAZZA N., *Il sale e il sangue, storie di uomini e tonni*, Magenes, Milano 2007.

RELINI G. (a cura di), *Dominio Pelagico, i Santuario dei cetacei Pelagos*, MATTM- Museo Friulano Storia Naturale, Quaderni Habitat, Udine 2007.

RHI SAUSI J.L., COLETTI R., CUGUSI B., *Strumenti e metodologie dei programmi di prossimità nel Mediterraneo nella fase di transizione. Prospettive per la cooperazione interregionale*, Research Paper, in atti della Conferenza Napoli 22-23 luglio 2004, *Sperimentazione delle politiche di prossimità nel Mediterraneo occidentale*, www.cespi.it (luglio 2008).

RODI S., *In 15 anni il cemento ha ricoperto un'area grande come Lazio e Abruzzo* in «Il Corriere della Sera», 4 agosto 2009, Torino 2009.

ROMANI V., *Il Paesaggio, Teoria e Pianificazione*, Franco Angeli, Milano 1994.

ROMANO B., *Oltre i Parchi, la rete verde regionale*, Andromeda Editrice, L'Aquila 1996.

ROLLI G.L. e ROMANO B., *Progetto Parco*, Università degli Studi dell'Aquila, Andromeda Editrice, Colledara (Te) 1995.

ROTTA A., *I partenariati territoriali nello spazio adriatico. Origine, evoluzione, prospettive*, in COCCO E. e MINARDI E. (a cura di), *Immaginare l'adriatico. Contributi alla riscoperta sociale di uno spazio di frontiera*, Franco Angeli, Milano 2009.

ROVITO C., *Le Aree Marine Protette: divieti, approfondimenti e decisioni della Corte di Cassazione*, Diritto dell'Ambiente, testata giornalistica on line: www.dirittoambiente.com (dicembre 2009).

SCARPELLI L. (a cura di), *Organizzazione del Territorio e governance multilivello*, Patron Editore, Bologna 2009.

SCOTT J., TRUBEK D.M., *Mind the Gap: law and new approach to governance in the European Union*, European Law Journal, Volume 8, n.1, March 2002.

SEGRE A., DANSERO E., *Politiche per l'ambiente. Dalla natura al territorio*, UTET, Torino 1996.

SIMEON M.I., *Il turismo dei beni culturali*, in ENIT-ISTAT, *Rapporto sul Turismo Italiano 2004-2005*, Firenze 2006.

SIMONCINI A., *Ambiente e protezione della natura*, Università di Firenze-Facoltà di Economia, CEDAM Padova 1996.

SPALDING M.D., FOX H.E., ALLEN G.R., DAVIDSON N., FERDAÑA Z.A., FINLAYSON M., HALPERN B.S., JORGE, M.A., LOMBANAA., LOURIE S.A., MARTIN K.D., MCMANUS E., MOLNAR J., RECCHIA C.A., ROBERTSON J., *MarineEcoregions of the World: A Bioregionalization of Coastal and Shelf Areas*, BioScience 57 (7-8), 2007 pp.573-583.

SPOTO M., *AdriaPAN: un nuovo progetto per le aree protette marine e costiere dell'Adriatico*, in VALLAROLA F.(a cura di), *Aree Protette Costiere e Marine*, EditPress, AIDAP- AMP Torre del Cerrano- AMP Miramare, Teramo 2009.

STOCCHIERO A., *I partenariati territorili nella politica di prossimità*, Research Paper CeSPI. www.cespi.it (luglio 2004).

TASSI F., *Esperienze di gestione di parchi nazionali*, intervento alla Tavola Rotonda del WWF Italia tenutasi il 23 novembre 1992 all'Abbadia di Fiastra (Mc) in atti WWF Italia, *Metodologia di analisi ed ipotesi di zonizzazione per un parco Nazionale*, Biemmegraf, Macerata 1994.

TISCAR P.G. (a cura di), *Indagine conoscitiva sull'Area Marina Protetta "Torre del Cerrano"*, Università degli Studi di Teramo -Facoltà di Medicina Veterinaria, Teramo 2001.

TREU M.C., *Riferimenti e ipotesi per una procedura di pianificazione ambientale*, in BORACCHIA V., PAOLILLO P.L. (a cura di), *Territorio sistema complesso*, Franco Angeli, Milano 1993.

TALLONE G., *I Parchi come Sistema*, Edizioni ETS, Pisa 2007.

TRANQUILLI LEALI R. e LO BOSCO L., *La compatibilità dell'esercizio dell'attività di pesca con la tutela dell'ambiente marino anche in relazione all'istituzione delle Aree Marine Protette*, in Quaderni OASIS n.1, Provincia Teramo- Università Teramo, NPPAInterreg-Cards/Phare "O.A.S.I.S.", Teramo 2008.

TUNESI L., DI NORA T., AGNESI S. (2004), *Potenzialità delle Aree marine protette per la gestione delle risorse ittiche nelle acque italiane*. Biologia Marina Mediterranea, 11 (2): 33-39.

TUNESI L., AGNESI S., DI NORA T., *La gestione del turismo subacqueo nelle aree marine protette (AMP): gli elementi prioritari*. Atti del workshop internazionale Ostia, Roma, 17 e 18 Febbraio 2005 "*Le attività subacquee nelle aree marine protette e gli impatti sull'ambiente: esperienze mediterranee a confronto*", Palombi Editori, Roma 2007.

TUNESI L., *La ricerca a supporto delle Aree Marine Protette in Italia*, in VALLAROLA Fabio (a cura di), *Aree Protette Costiere e Marine*, EditPress, AIDAP- AMP Torre del Cerrano- AMP Miramare, Teramo 2009.

TUNESI L., *Biodiversità e Are marine protette, un network per un sistema nazionale, europeo e mediterraneo*, intervento Convegno internazionale Bari il 29 gennaio 2010, "*2010 Anno Internazionale della Biodiversità: ora è il tempo di agire*", Mediterre, Bari 27-30 gennaio 2010. (www.greenreport.it 01.02.2010).

UNEP-WCMC, *National and Regional Networks of Marine Protected Areas: a review of progress*, UNEP World Conservation Monitoring Centre, Cambridge-UK 2008.

VALLAROLA F., *Gran Sasso Monti della Laga, il Parco Nazionale*, MEDIA Edizioni, Teramo 1998.

VALLAROLA F., *Cerrano, terre da proteggere*, Ricerche&Redazioni, Teramo 2005.

VIALE G., *Vita e morte dell'automobile. La mobilità che viene*, Bollati Boringhieri, Torino 2007.

VIALE G., *Muoversi sostenibilmente* in «Piemonte Parchi», n.187, Torino 2009.

VALLAROLA F. (a cura di), *Aree Protette Costiere e Marine*, EditPress, AIDAP-AMP Torre del Cerrano- AMP Miramare, Teramo 2009.

VALLAROLA F. (a cura di), *Le Aree Marine Protette*, Edizioni ETS, Pisa 2011.

WWF, *Ecoregion action programmes: a guide for practitioners*, Roma 2003.

ZOPPI C., *Aree protette marine e costiere, questioni di pianificazione del territorio*, Gangemi Editore, Roma 1993.

www.ingramcontent.com/pod-product-compliance
Lightning Source LLC
Chambersburg PA
CBHW072210170526
45158CB00002BA/523